高职高专“十二五”实验实训规划教材

冶金技术认识实习指导

刘燕霞　李建朝　张士宪　主　编
齐素慈　黄伟青　董中奇　李文兴　副主编
韩宏亮　主　审

北　京
冶 金 工 业 出 版 社
2013

内 容 提 要

全书共分9章，主要内容包括钢铁冶炼各个环节：烧结、球团、炼铁、转炉炼钢、炉外精炼、连续铸钢的工艺流程及设备组成，以及岗位设置的简介，在具体内容的组织安排上，力求简明扼要，突出“认识”功能。

本书可作为高职高专院校冶金技术专业的教学用书，也可供其他院校冶金类相关专业普及冶金知识的概论教材。

图书在版编目(CIP)数据

冶金技术认识实习指导/刘燕霞,李建朝,张士宪主编.
—北京:冶金工业出版社，2013.5

高职高专“十二五”实验实训规划教材

ISBN 978-7-5024-6234-5

Ⅰ.①冶…　Ⅱ.①刘…　②李…　③张…　Ⅲ.①冶金—技术—教育实习—高等职业教育—教学参考资料
Ⅳ.①TF1-45

中国版本图书馆CIP数据核字(2013)第101381号

出 版 人　谭学余
地　　址　北京北河沿大街嵩祝院北巷39号，邮编100009
电　　话　(010)64027926　电子信箱　yjcbs@cnmip.com.cn
策划编辑　俞跃春　责任编辑　俞跃春　李　雪　美术编辑　李　新
版式设计　葛新霞　责任校对　禹　蕊　责任印制　李玉山
ISBN 978-7-5024-6234-5
冶金工业出版社出版发行；各地新华书店经销；北京百善印刷厂印刷
2013年5月第1版，2013年5月第1次印刷
787mm×1092mm　1/16；10.25印张；243千字；152页
25.00元
冶金工业出版社投稿电话：(010)64027932　投稿信箱：tougao@cnmip.com.cn
冶金工业出版社发行部　电话：(010)64044283　传真：(010)64027893
冶金书店　地址：北京东四西大街46号(100010)　电话：(010)65289081(兼传真)
（本书如有印装质量问题，本社发行部负责退换）

前 言

本书为高职高专院校冶金技术专业的教学用书，主要讲述钢铁冶金各工艺环节的基本知识。

本书配合认识实习使用。通过认识实习，使学生初步接受现场操作技术，初步识别各种不同类型生产工艺及生产设备，并感受现场操作环境。

本书由河北工业职业技术学院刘燕霞、李建朝、张士宪担任主编，齐素慈、黄伟青、董中奇、李文兴任副主编。参加编写的还有张欣杰、贾艳、陈敏，天津冶金职业技术学院李秀娟，河北钢铁集团邯钢公司的赵军力、周愈辉、赵会敏、王韶华、王玉刚，河北钢铁集团石钢公司张志旺，由中国科学院过程工程研究所韩宏亮主审。

本书在内容的组织安排上，力求简明扼要，突出“认识”功能。

在编写过程中参考了多种专业书籍、资料，在此，对相关作者一并表示由衷的感谢。

由于水平所限，书中难免有不妥之处，敬请广大读者批评指正。

编　者

2013 年3月

目 录

1 课程标准

1.1 课程概述

1.1.1 课程的性质和作用

“认识实习”是钢铁冶金或冶金技术专业的一门专业实践环节课程，是了解冶金企业概貌、积累冶金生产感性知识的教学实践活动。通过这门课程使学生了解冶金联合企业生产过程的概况，了解钢铁生产主要车间（包括烧结、球团、炼铁、转炉炼钢、精炼、连铸）的生产工艺流程及其主要设备的技术性能，为以后的专业课打下一定的感性认识基础。同时在下厂实习过程中，培养学生学习工人师傅和技术人员的优秀品质，感受钢铁生产的重要性，从而激发学生学习热情，培养专业思想。

本课程与前导和后续课程的关联：学生在第一、二学期学习了公共基础课程、专业基础课程“物理化学”、“专业导论”、“钢铁冶金概论”等，进行了金工实习等基本技能训练，在第三学期期初安排本课程，为以后的专业课，如“烧结生产操作”、“球团生产操作”、“炼铁生产技术”、“转炉炼钢生产”等专业课程的学习打下良好的基础。

1.1.2 课程基本理念

以产学互动、实境育人为人才培养模式，以促进学生综合职业能力发展为目标，校企全程共建。

1.1.2.1 加强校企合作，进行课程开发

本课程在项目设定、教学过程、课程评价和教学资源开发等方面都有企业专家参与，保证本课程建设切合实际，符合学生发展的实际需要，充分体现职业性、实践性和开放性的要求。

在企业环境的课程实施过程中，校企共同制订学生实习管理制度，共同制订学生工作和学习成果考核评价办法，共同管理和监控教学运行。

1.1.2.2 面向全体学生，注重素质教育、能力培养

本课程面向冶金技术专业学生，注重专业基础素质教育，激发他们的学习兴趣，提高他们的逻辑思维能力，增强他们的理论联系实际的能力，培养他们的创新精神。

认识实习采用现场教学为主，在专任教师和兼职教师的指导、带领下，认识现场工艺和设备，积累冶金生产基本知识，同时感受真实生产环境，培养吃苦耐劳、团结协作的专业素质。

1.1.3 设计思路和依据

1.1.3.1 课程设计思路

A 确定教学内容

“认识实习”本着“理实”一体的教学思想，开展校企合作，使企业专家深入参与教学，根据生产现场技能要求，确定教学内容。

B 教学内容安排

紧密结合行业、企业实际，与行业、企业技术人员、工人技师共同研究，按照一般性的认知规律，总体上按照生产工作过程由易到难的原则组织教学内容。

C 教学特点和教学方法

本着“理实”一体的教学思想，采用现场教学，在真实的任务实施过程中，师傅（老师）少讲，学生多练，在教学过程中体现学生主体地位，使学生参与到教学设计中，体现出教、学、做一体的教学要求。

应用现代教学手段，通过网络提供教学资源、技术资料和教学辅导，实现远程互动教学。

在教学过程中，注重过程指导、过程监督、过程评价。

1.1.3.2 课程设计依据

本课程的设计依据：《关于编制课程标准的原则意见》、《冶金技术专业人才培养方案》、《冶金技术专业调研报告》、《国家职业技能鉴定标准——冶金卷》等。

1.2 课程目标

课程总目标：在学习相关课程之后，将已学的各门专业基础课程的内容与生产实际有机结合起来，并为主要专业课教学提供感性认识。

主要任务：初步了解本专业的基本实践知识和工业生产基本常识，为后续的主要专业理论和教学打好基础。培养学生理论联系实际，增强学生实际工作能力，了解学生在已有金工实习基础上，通过认识实习进一步扩大专业知识面，为主要专业课教学提供教学支持。

实习应到生产技术较先进的工厂进行。提出的问题尽量具体化，力求使学生在较短的时间内获得较多、较广的感性认识。

1.2.1 知识性目标

（1）认识冶金生产企业车间布局、企业组织生产过程；

（2）分析叙述冶金生产工艺流程；

（3）归纳冶金生产主要设备的功能、原理。

1.2.2 技能性目标

（1）能够叙述冶金生产各工艺流程；

（2）能够说出设备的功能、作用；

（3）能够识别现场的安全通道及危险源。

1.2.3　情感态度与价值观

（1）体验生产现场的艰苦环境，树立不怕困难，迎难而上的精神；

（2）关心同学，帮助他人，建立团结互助，共同协作的良好意识；

（3）养成负责地执行技术规程的习惯，形成严谨、认真的工作态度，具有良好的敬业精神；

（4）具有一定的技术能力和职业规划能力，为迎接未来社会挑战、提高生活质量、实现终身发展奠定基础；

（5）形成和保持对技术的兴趣和学习愿望，具有正确的技术观和较强的技术创新意识，促进学生全面而富有个性的发展；

（6）增强质量意识、效益意识，具有服务社会的责任感和为祖国社会主义现代化建设甘于奉献的精神。

1.3　内容标准

课程内容与教学要求见表1－1。

表1－1　课程内容与教学要求

<table>
<tr><th>序号</th><th>项目名称</th><th>工作任务</th><th>内容和教学要求</th><th>教学活动设计</th><th>天数</th></tr>
<tr><td>1</td><td>烧结生产</td><td rowspan="7">（1）参观烧结、球团、炼铁、炼钢、轧钢厂；
（2）了解冶金生产各工艺环节工作流程；
（3）了解冶金生产各工艺环节所使用的设备构造、工作原理；
（4）了解各生产岗位工作职责</td><td rowspan="7">（1）冶金生产各环节工艺设置及设备组成；
（2）了解熟悉各生产岗位工作职责；
（3）严格遵守职工安全规则</td><td rowspan="7">首先，学生根据实习指导书预习，实习前专任教师讲课，然后由专任教师和兼职教师带队分组下厂，回来后，由兼职教师授课，再下厂，写实习报告</td><td>2</td></tr>
<tr><td>2</td><td>球团生产</td><td>1</td></tr>
<tr><td>3</td><td>炼铁生产</td><td>3</td></tr>
<tr><td>4</td><td>转炉炼钢生产</td><td>3</td></tr>
<tr><td>5</td><td>精炼生产</td><td>2</td></tr>
<tr><td>6</td><td>连铸生产</td><td>2</td></tr>
<tr><td>7</td><td>轧钢生产</td><td>1</td></tr>
<tr><td>8</td><td>答辩</td><td>成绩考核</td><td>所有参观厂的生产工艺流程、工艺设置、设备组成及功能</td><td>由专任教师和兼职教师分组逐个答辩</td><td>1</td></tr>
<tr><td colspan="5">总　计</td><td>15</td></tr>
</table>

1.4　课程实施建议

1.4.1　教学条件

根据课程教学需要，结合实际条件，列出本课程教学所用实训基地、主要教学设备及对应教学项目见表1－2。

表1-2 学习场地和设施要求

序号	项目名称	学习场地	设施要求
1	烧结生产	烧结厂	带式烧结机、企业一线兼职教师、《烧结厂生产安全规程》、劳保用品等
2	球团生产	球团厂	链箅机-回转窑、圆盘造球机企业一线兼职教师、《球团厂生产安全规程》、劳保用品等
3	炼铁生产	炼铁厂	高炉、热风炉、企业一线兼职教师、《炼铁厂生产安全规程》、劳保用品等
4	转炉炼钢生产	炼钢厂	转炉、企业一线兼职教师、《炼钢厂生产安全规程》、劳保用品等
5	精炼生产	炼钢厂	LF炉、RH炉、企业一线兼职教师、《精炼厂生产安全规程》、劳保用品等
6	连铸生产	炼钢厂	连铸机、企业一线兼职教师、《连铸厂生产安全规程》、劳保用品等
7	轧钢生产	轧钢厂	加热炉、轧钢机、精整机械、企业一线兼职教师、《轧钢厂生产安全规程》、劳保用品等

1.4.2 师资要求

专任教师具有冶炼及相近专业本科以上学历的“双师型”教师；实践指导教师具备两年以上的本专业实际工作经历和本专业中级及以上的职业资格；具有良好的职业道德、遵纪守法意识和责任心。

兼职教师应具有冶炼生产现场两年以上实际工作经验，具有冶炼专业的高级工或工程师及以上职业资格证书，具有参与高等职业教育教学改革的热情和基本能力，具有良好的语言表达能力。

专任教师和兼职教师共同组成的专业教学团队，能够承担和完成本专业的课程教学工作。

1.4.3 教学方法建议

1.4.3.1 项目教学法

项目教学法是把整个学习过程分解为一个个具体的项目或事件，设计出一个个项目教学方案，在教师的引导下对项目进行分解，让学生分组围绕各自的项目进行讨论、协作学习与实际操作训练，最后以共同完成项目的情况来评价学生是否达到教学目的的一种教学方法。

1.4.3.2 “任务驱动”教学方法

下厂之前，教师分配给学生任务，让学生带着问题下厂实习，学生拥有学习的主动权，使学生处于积极的思维与学习状态。

1.4.3.3 自学教学法

教师下达任务之后，在下厂之前，学生查阅相关资料，发现问题之后，进行讨论，教师进行总结。

1.4.3.4 现场教学法

现场教学法是教师和学生同时深入现场，通过对现场事实的调查、分析和研究，提出解决问题的办法，或总结出可供借鉴的经验，从事实材料中提炼出新观点，从而提高学生运用理论认识问题、研究问题和解决问题能力的教学方式和方法。

1.4.3.5 小组讨论法

小组讨论法是以合作学习小组为单位，学生围绕教师提出的有关专题，主要是通过大家互相交流和学习，让大家的认识更进一步。

1.4.4 课程资源的开发与利用建议

（1）资料资源。要注重教材建设，为学生提供教材、习题指导等多种学习资料；认真做好课程授课计划；另外充分利用学校网络资源；使学生利用我校图书馆的网络资源，浏览电子书籍、期刊、数字图书馆、电子论坛等。

（2）社区资源。不断开发新的校外实训基地，为学生提供更广泛的实习、学习机会。从现场收集工艺文件、视频资料；挖掘实际生产现场素材，随课程内容进行不同现场教学。

1.4.5 评价建议及标准

考核以过程考核和答辩为主，全面考核学生的知识、能力、素质等掌握情况，提出评价原则、评价标准、评价方式、评价的组织与实施等方面的建议。课程考核评价标准见表1－3。

表1－3 课程考核评价标准

考核点	建议考核方式	评价标准			
		优	良	及格	不及格
实习态度；是否安全文明生产；答辩；各工序生产岗位认知	实习报告；答辩；师傅评价	实习态度端正；及时上交实习报告；能准确回答老师答辩时的问题；能进行各岗位安全实习	实习态度端正；及时上交实习报告；较为准确回答老师答辩时的问题；能进行各岗位安全实习	实习态度较为端正；不能及时上交实习报告；回答老师答辩时的问题有错误；能进行各岗位安全实习	对如下情况之一者评为不及格：（1）实习态度极不端正，不交实习报告、实习总结者；（2）实习期间有重大违纪行为造成很坏影响者；（3）实习期间累计旷课两天或迟到早退累计五次以上者

1.5 实训管理

(1) 系、教研室应加强领导，统一安排，全面管理。

(2) 在整个实习期间指导教师要认真组织、严格要求、关心同学、全面负责，并切实做好学生的安全教育工作。

(3) 学生下厂实习时要遵守工厂各项规章制度，特别要注意安全，要听从教师的安排与指挥，加强组织性与纪律性，下厂时要不怕热、不怕累，要讲礼貌、讲谦让，不抢不挤，同时要严格执行请假制度。对违反纪律者，要批评教育，若情节严重时应给予纪律处分。

在教学活动中要从学生实际出发，创设有助于学生自主学习的问题情境，引导学生通过实践、思考、探索、交流，获得知识，形成技能，发展思维，学会学习，促进学生在教师指导下主动地、富有个性地学习。

在教学活动中，教师应发扬教学民主，成为学生学习专业知识的组织者、引导者、合作者；要善于激发学生的学习潜能，鼓励学生大胆创新与实践，要创造性地使用指导书，积极开发利用各种教学资源，为学生提供丰富多彩的学习素材；注意冶金生产技术的新发展，适时引进新的教学内容。按照学生学习的规律和特点，以学生为主体，充分调动学生学习的主动性、积极性。

复习思考题

1-1　认识实习的作用是什么?

1-2　认识实习如何考核?

2 钢铁生产概述

2.1 冶金工业在国民经济中的地位与意义

冶金工业是国民经济的基础工业，冶金工业为其他制造业（如机器及机械制造、交通运输、军工、能源、航空航天等）提供主要的原材料，也为建筑业及民用品生产提供基础材料。可以说，一个国家冶金工业的发展状况间接反映其国民经济发达的程度。

冶金工业通常分为黑色冶金工业（即钢铁工业）和有色冶金工业。钢铁工业主要是指生铁、钢、铁合金以及各种各样的钢材产品的生产。有色冶金工业主要是包括铝、镁、铜、锌及黄金等各种有色金属材料的生产。它们的基本生产环节大体是一致的，同属一门冶金学科。

冶金的方法很多，主要可归结为火法冶金、湿法冶金和电冶金三种。钢铁冶金主要用火法。钢铁冶金所采用的火法冶金主要工序有：选矿、烧结、球团、熔炼、精炼等，经过精炼工序后，钢铁原料即成为了钢水，还需要根据后续工艺要求进行：铸锭（板坯、方坯）、轧钢（线材、管材、螺纹钢、板材、异型钢等）等工序，最终成为各种钢材产品。

钢铁冶金生产是一个非常庞大、十分复杂的工业体系，是一个生产环节繁多又相互配合的综合体。

2.2 钢铁联合企业的生产系统

钢铁联合企业的基本生产环节分为两种——长流程和短流程。

长流程为：烧结/球团→高炉→转炉→精炼→连铸机→轧机，短流程为：直接还原或熔融还原→电炉→连铸机→轧机，目前采用长流程的企业居多。

烧结、球团是为炼铁准备原料。炼铁厂生产的生铁，除一小部分用于铸造各种生铁铸件外，主要是作为炼钢的主要原料。而炼钢厂生产的钢坯主要用作轧钢厂的原料，轧成各种各样品种规格的钢材。一个钢铁联合企业应包括矿山、烧结、球团、焦化、炼铁、炼钢、轧钢等主要的车间。此外，还有许多相应的辅助车间如发电厂或电站等动力设施，热力—供水设施、机修车间等，供应各车间的煤气、蒸汽、压缩空气、水等。

2.3 钢铁生产

整个冶炼生产工艺过程是由以下几个基本工序组成的：

(1) 烧结。铁矿粉烧结是一种人造富矿的过程，烧结矿是炼铁的主要熟料。

烧结生产过程是在铁矿粉中配入一定比例的熔剂和燃料，加入适量的水，经过混合后，在一定温度下烧结成高炉需要的原料。

(2) 球团。球团也是一种人造富矿的过程，是炼铁经常用的熟料。把细磨铁精矿粉或其他含铁粉料添加少量添加剂混合后，在加水润湿的条件下，通过造球机滚动成球，再经过干燥焙烧，固结成为具有一定强度和冶金性能的球形含铁原料（球团矿）的过程。

（3）炼铁。炼铁是指利用含铁矿石、燃料、熔剂等原燃料通过冶炼生产合格生铁的工艺过程，高炉炼铁是现代生铁生产的主要方法。固态的矿石和焦炭由顶部加入高炉，在风口处通入热风焦炭燃烧，产生高温煤气与下降的炉料进行一系列的传热传质和物理化学变化，形成液态的铁水和炉渣。

（4）炼钢。所谓炼钢，就是通过冶炼降低生铁中的碳和去除有害杂质，再根据对钢性能的要求加入适量的合金元素，使之成为性能优良的钢。目前主要采用的炼钢方法有转炉炼钢法和电炉炼钢法。

氧气转炉炼钢法以顶底复合吹炼氧气转炉炼钢法和氧气顶吹转炉炼钢法为主，此外还有氧气底吹转炉炼钢法、氧气侧吹转炉炼钢法，主要用于普碳钢和低合金钢的冶炼。

电炉炼钢法是利用电能炼钢的方法，现代电炉炼钢主要指电弧炉炼钢，以交流电弧炉为主，主要用于特殊钢、高合金钢及普碳钢的冶炼。

（5）炉外精炼。炉外精炼是把传统炼钢中的部分炼钢任务或传统炼钢中较难完成的炼钢任务移到炉外进行，以获得更好的技术经济指标的钢水冶炼操作过程。

炉外精炼把炼钢过程分为初炼和精炼两个步骤。初炼的主要认识是熔化、脱磷、脱碳和初合金化。精炼的主要任务是（下面的一种或几种的组合）在真空、惰性气氛或可控气氛下，进行钢水脱氧、脱气、脱硫、去除夹杂和夹杂变性处理、调整合金成分（微合金化）、控制钢水温度等。

（6）浇注。钢的浇注，就是把在炼钢炉中或精炼所得到的合格钢水，经过钢包（又称盛钢桶）及中间钢包等浇注设备，注入一定形状和尺寸的钢锭模或结晶器中，使之凝固成钢锭或钢坯。钢锭（坯）是炼钢生产的最终产品，其质量的好坏与冶炼和浇注有直接关系，是炼钢生产过程中质量控制的重要环节。

（7）轧制。轧制是钢材生产中最广泛使用的主要成型方法，绝大多数钢材都是通过轧制生产方式获得的。

轧钢生产的一般过程，是由炼钢产品钢锭（连铸坯）直接轧成材，由于钢材的品种繁多，规格形状、钢种和用途各不相同，所以轧制不同产品采用的工艺过程也不同。

复习思考题

2－1　钢铁联合企业大的基本生产环节有哪些？

2－2　整个冶炼生产工艺过程有哪几个基本工序组成的？

2－3　炉外精炼的目的是什么？

3 烧结生产

3.1 烧结概述

随着钢铁工业的发展，天然富矿从产量和质量上都不能满足高炉冶炼的要求，而大量贫矿经选矿后得到的精矿粉以及天然富矿粉都不能直接入炉冶炼。为解决这一矛盾，通过人工方法，将这些粉矿制成块状的人造富矿，供高炉使用。这样既解决了天然富矿的不足，开辟和利用了铁矿资源，又通过改善人造富矿的冶金性能，为进一步发展钢铁工业开创了新的优质原料的途径。

目前生产人造富矿的方法，主要有烧结法和球团法。烧结法生产的人造富矿称为烧结矿，球团法生产的人造富矿称为球团矿，又统称为熟料。

所谓烧结，是将各种粉状含铁原料，配入一定数量的燃料和熔剂，均匀混合制粒，然后放到烧结设备上点火烧结。在燃料燃烧产生高温和一系列物理化学反应的作用下，混合料中部分易熔物质发生软化、熔化，产生一定数量的液相，并润湿其他未熔化的矿石颗粒。当冷却后，液相将矿粉颗粒黏结成块，这个过程称为烧结，所得的块矿称为烧结矿。

烧结方法目前采用最广泛的是带式抽风烧结。世界上有 90% 以上的烧结矿是用这种方法生产的。

3.2 烧结原料

含铁原料、熔剂及燃料是烧结生产的物质基础。

3.2.1 含铁原料

3.2.1.1 铁矿（精矿粉、富矿粉）

按照含铁矿物的组成不同，可以分为磁铁矿、赤铁矿、褐铁矿、菱铁矿四大类。

A 磁铁矿

磁铁矿又称“黑矿”。其化学式为 Fe_3O_4，理论含铁量为 72.4%，晶体呈八面体，组织结构比较致密坚硬，一般呈块状，硬度达 5.5 ~ 6.5，密度为 4.9 ~ 5.2t/m^3，其外表颜色呈钢灰色或黑色，条痕为黑色，难还原和破碎，具有磁性。

B 赤铁矿

赤铁矿又称“红矿”，其化学式为 Fe_2O_3，理论含铁量为 70%。结晶的赤铁矿外表颜色为钢灰色或铁黑色，其他为暗红色，但所有的赤铁矿条痕皆为暗红色。

C 褐铁矿

褐铁矿为含结晶水的赤铁矿（$m Fe_2O_3 \cdot n H_2O$）。自然界中的褐铁矿绝大部分以褐铁矿（$2Fe_2O_3 \cdot 3H_2O$）形态存在，其理论含铁量为59.8%。

褐铁矿的外表颜色为黄褐色、暗褐色、黑色，呈黄色或褐色条痕，无磁性。褐铁矿是由其他矿石风化而成，密度小，含水量大，气孔多，且在温度升高时结晶水脱除后又留下新的气孔，故还原性皆比前两种铁矿高。

D 菱铁矿

菱铁矿化学式为$FeCO_3$，理论含铁量达48.2%。致密坚硬，外表颜色呈灰色或黄褐色，风化后转变为深褐色，具有灰色或黄色条痕，有玻璃光泽，无磁性。

在生产实践中，除上述划分的铁矿类型外，还可根据矿石的碱度划分：

碱性矿石 （$R = \frac{CaO + MgO}{SiO_2 + Al_2O_3} > 1.3$）

自熔性矿石 （$R = 1.0 \sim 1.3$）

酸性矿石 （$R < 1.0$）

3.2.1.2 其他含铁原料

A 高炉炉尘

高炉炉尘是从高炉煤气系统中回收的高炉瓦斯灰，它主要由矿粉、焦粉及少量石灰石粉组成。含Fe：30%～55%，含C：8%～20%。目前高炉每炼一吨生铁炉尘量为20千克左右，若原料粉末过多或原料强度不好，炉尘量还会更多。

炉尘可作烧结原料，能节约熔剂和燃料消耗，降低生产成本。高炉尘一般亲水性较差，但对黏性大、水分高的烧结料，添加部分高炉尘能降低烧结料水分并提高其透气性。

B 氧气转炉炉尘和钢渣

氧气转炉炉尘是从氧气转炉的炉气中经除尘器回收的含铁原料，它含铁量高，粒度细，可做烧结原料。

转炉钢渣是炼钢生产的废弃物，含有Fe、CaO、MnO、P、S等，利用钢渣作为烧结原料，可代替部分石灰石。

C 轧钢皮

轧钢皮是轧钢过程中剥落下来的氧化铁皮。轧钢皮一般占总钢材的2%左右，含铁60%～70%，且有害杂质少、密度大，是很好的烧结原料。

D 硫酸渣

硫酸渣是化工厂用黄铁矿制硫酸的副产品。含铁量40%～55%，但含硫较高。

3.2.2 熔剂

在烧结生产中加入熔剂，可改善烧结过程，强化烧结，提高烧结矿产量、质量，而且可以向高炉提供自熔性或高碱度的烧结矿，强化高炉生产。

熔剂按其性质可分为中性、酸性和碱性三类熔剂。由于我国铁矿石的脉石多数是酸性氧化物SiO_2，所以普遍使用碱性熔剂。常用的有石灰石、白云石、生石灰及消石灰等。

3.2.2.1 *石灰石*

石灰石的主要化学成分是$CaCO_3$，理论含CaO为56%，石灰石呈块状集合体，硬而脆，易破碎，颜色呈白色或青灰色。

3.2.2.2 白云石和菱镁石

白云石化学式为 $CaCO_3 \cdot MgCO_3$，理论上含 $CaCO_3$ 为 54.2%（CaO 为 30.4%），$MgCO_3$ 为 45.8%（MgO 为 21.8%）。呈粗粒块状，较硬难破碎，颜色为灰白或浅黄色，有玻璃光泽。

菱镁石的主要成分是碳酸镁，化学式为 $MgCO_3$，理论上含 MgO 为 47.6%，颜色为白或黄、褐等，条痕为白色。

3.2.2.3 生石灰

生石灰是石灰石经高温煅烧后的产品，主要成分是 CaO。利用生石灰代替一部分石灰石作为烧结熔剂，可强化烧结过程。这是因为生石灰遇水后，发生消化反应生成消石灰，消石灰表面呈胶体状态，吸水性强，黏结性大，可以改善混合料的成球性，同时，消化过程放出热量，可以提高料温，减少烧结过程的过湿现象。生石灰的用量一般为 3% ~5%。用量过多，其强化效果不明显，还对烧结矿强度带来不利影响。

3.2.2.4 消石灰

消石灰是生石灰加水消化后的熟石灰，其化学式：$Ca(OH)_2$，消石灰表面呈胶体状态，吸水性强，黏结力大，可以改善烧结混合料成球性。消石灰密度小，大量使用会降低混合料的堆密度，影响烧结矿的强度和成品率，一般用量不大于 5% ~7%。

3.2.3 燃料

烧结生产使用的燃料分为点火燃料和烧结燃料两种。

3.2.3.1 点火燃料

点火燃料一般用气体燃料。气体燃料分为天然和人造两种。天然气体燃料为天然气，仅有少数国家使用。大部分皆使用人造气体燃料，人造气体燃料主要是焦炉煤气、高炉煤气和发生炉煤气等。

通常采用的是高炉煤气和焦炉煤气的混合气体，其发热值取决于二者混合的比例。

3.2.3.2 烧结燃料

烧结燃料是指在烧结料层中燃烧的固体燃料。一般常用的固体燃料主要是碎焦粉和无烟煤粉。

A 无烟煤

无烟煤是所有煤中固定炭最高，挥发分最少的煤。它是很好的烧结燃料。进厂粒度小于 40mm，使用前应破碎到 3mm 以下。挥发分高的煤不宜做烧结燃料，因为它能使抽风系统挂泥结垢。

B 碎焦粉

焦炭是炼焦煤在隔绝空气的条件下高温干馏的产品。碎焦粉是焦化厂筛分出来的或是高炉用的焦炭中筛分出来的焦炭粉末。它具有固定炭高、挥发分少、灰分低，含硫低等优点，焦炭硬度比无烟煤大，破碎较困难，但使用前必须破碎到3mm以下。

3.3 烧结生产工艺

烧结生产工艺流程由原料的接受、贮存和中和，熔剂、燃料的破碎、筛分，配料，混合料的制备，烧结，烧结产品的处理以及烧结过程的除尘等环节组成。现代烧结生产流程如图3-1所示。

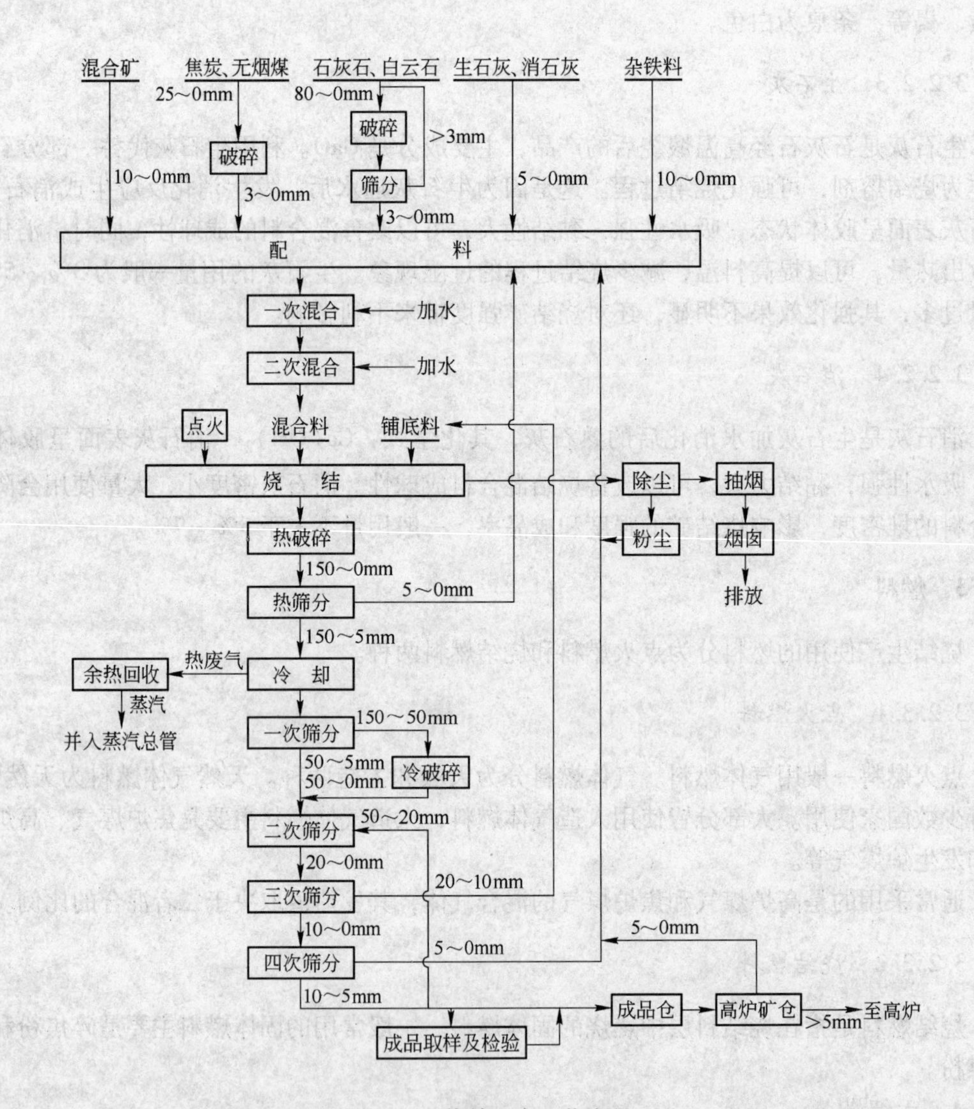

图3-1 烧结生产工艺流程

3.3.1 原燃料的准备

烧结用原燃料来源广、数量大、品种多，物理化学性质差异悬殊，为了获得优质产品并保证生产持续稳定，在烧结配料前必须对原燃料进行准备处理。烧结原燃料的准备处理包括原燃料的接受、贮存、中和混匀、破碎、筛分等作业。

3.3.1.1 原燃料的接受

烧结原燃料的接受应严格遵守入厂原料的验收制度。原燃料的验收主要包括原燃料质量的检查，数量的验收以及保证供应的连续性。原燃料验收要以部标或厂标为准，对各种原燃料做好进厂记录。只有验收合格的原料才能入厂并对准货位卸料，对存疑的原料应按取样方法取样检验。

3.3.1.2 原燃料的贮存与中和

接受进厂的烧结原燃料通常要在原料场（贮料厂）或原料仓库贮存一定时间，一方面可以调节来料和用料不协调的矛盾；另一方面，通过进行必要的中和，可减少其化学成分的波动。为生产高质量的烧结矿做准备。

烧结原燃料中和的目的是使其化学成分稳定。目前用得最多的中和方法是分堆存放、平铺切取法。

在料场进行中和是将先后运来的原燃料按顺序铺成很多平行的条堆（第一层），然后在原来的（第一层）条堆之上铺第二层，再第三、第四，一层一层铺上去，直到铺好一大堆为止，用时，从矿堆上沿垂直方向切取。

3.3.1.3 原燃料的破碎及筛分

原燃料破碎、筛分的目的是满足烧结生产对原燃料粒度上的要求。

破碎、筛分流程分为两类，破碎后不经筛分的称为开路破碎，破碎后需要筛分的称为闭路破碎。闭路破碎流程按筛分在破碎前或后，分为预先筛分和检查筛分两种。预先筛分是在原料破碎前先经筛分。检查筛分是原料先破碎、后筛分。

3.3.2 配料

烧结配料是按烧结矿的质量指标要求和原料成分，将各种原料（含铁料、熔剂、燃料等）按一定的比例配合在一起的工序过程。目前有两种配料方法，即容积配料法、质量配料法和化学成分配料法。目前多采用质量配料法。

质量配料法分间歇式和连续式两种，连续式配料实际上是质量法和容积法结合起来。如国内一些烧结厂使用电子秤和调速圆盘进行自动质量配料，大大提高了准确性和实现了自动化操作。

3.3.3 混料

为了获得良好的混匀与制粒效果，大中型烧结厂均采用两段混合流程。一次混合，主要是加水润湿、将配料室配制的各种原料混匀、预热，使混合料的水分、粒度和原料各组分均匀分布，并达到造球水分，为二次混合打下基础。二次混合除继续混匀外，主要作用是制粒，还可通蒸汽补充预热，提高混合料温度。这对改善混合料粒度组成，防止烧结过程中水分转移再凝结形成过湿层，提高料层透气性极为有利。

3.3.4　烧结

烧结生产过程是复杂的物理化学反应过程，烧结作业是烧结生产的中心环节，它包括布料、点火、抽风及烧结终点的控制等主要工序。

3.3.4.1　布料

布料是将铺底料和混合料铺到烧结机台车上的操作。

布混合料以前，在烧结台车上先布一层厚约 20～40mm、粒度为 10～20mm 的烧结矿作为铺底料。铺底料一般是从成品烧结矿中筛分出来，通过皮带运输机送到混合料仓前专设的铺底料仓，再布到台车上。

布混合料紧接在铺底料之后进行。

3.3.4.2　点火

（1）点火目的。烧结点火有两个目的：一是将台车表层混合料中的燃料点燃，并在抽风的作用下继续往下燃烧产生高温，使烧结过程得以正常进行；二是向烧结料层表面补充一定热量，以利产生熔融液相而黏结成具有一定强度的烧结矿。

（2）点火参数：

1）点火温度。一般点火温度为 1050～1250℃。

2）点火时间。适宜的点火时间为 1min 左右。

3）点火热量。目前，我国多数烧结厂点火器的供热强度 J 为$(42 \sim 54.6) \times 10^3 kJ/(m^2 \cdot min)$。

4）点火深度。为使点火热量都进入料层，更好完成点火作业，并促进表层烧结料熔融结块，必须保证有足够的点火深度，通常应达到 30～40mm。

5）点火废气的含氧量。废气中含氧量的高低，取决于使用的固体燃料量和点火煤气的发热值。固体燃料配比越高，要求废气含氧量越高；点火煤气发热值愈高，达到规定的燃烧温度时，允许较大的过剩空气系数，因而废气中氧的浓度愈高。当使用低发热值煤气时，可通过预热助燃空气来提高燃烧温度，从而为增大过剩空气系数，提高废气含氧量创造条件。

6）点火真空度。一般点火真空度控制在 6000Pa 左右为宜，这样可使点火器与台车间的压力维持在 0～30Pa 左右的水平。

3.3.4.3　抽风烧结

抽风烧结是将准备好的含铁原料、燃料，熔剂，经混匀制粒，通过布料器布到烧结台车上，随后点火器在料面点火，点火的同时开始抽风，在台车炉箅下形成一定负压，空气则自上而下通过烧结料层进入下面的风箱。随着料层表面燃料的燃烧，燃烧带逐渐向下移动，当燃烧带到达炉箅时，烧结过程即告终结。

由于烧结过程由料层表面开始逐渐向下进行，因而沿料层高度方向有明显的分层性，如图 3－2 所示，从上往下依次出现烧结矿层、燃烧层、预热层、干燥层、过湿层。这些反应层随着烧结过程的发展而逐步下移，在到达炉箅后才依次消失，最后全部变为烧结矿层。

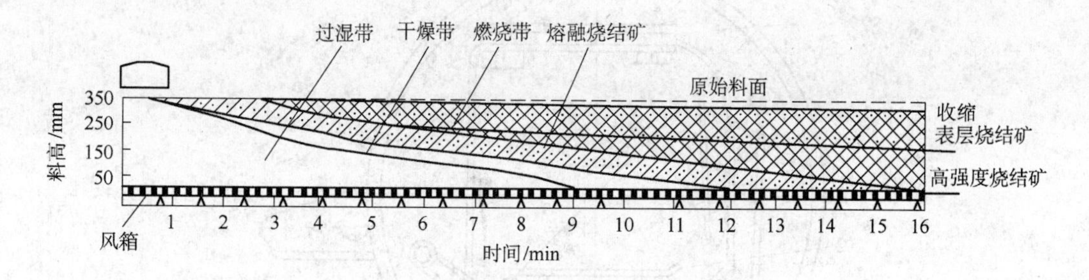

图3－2 抽风烧结过程中沿料层高度的分层情况

3.3.5 产品处理

从机尾自然落下的烧结矿靠自重摔碎，粒度很不均匀，部分大块甚至超过200mm。不符合高炉冶炼要求。烧结产品的处理包括破碎、筛分、冷却和整粒，其目的是保证烧结矿粒度均匀，温度低于150℃。

3.4 烧结设备

3.4.1 料场设备

3.4.1.1 原燃料卸车设备

卸料设备的形式有很多种，大型烧结厂大部分采用翻车机卸料、螺旋卸料机、刮板卸料机、手扶拉铲等。中小型烧结厂多用刮板或链斗卸料机、螺旋卸料机、手扶拉铲等卸料设备。

A 翻车机

翻车机是一种大型卸车设备，适用于翻卸各种散状物料。

图3－3为KFJ－2A型翻车机构造简图，工作过程是重车铁牛将重车送往摘钩平台，车皮行至此平台即被摘钩分节，分节的车皮靠坡道滑进翻车机，在止挡器的作用下对位。此时，翻车机开始工作。翻完的空车皮回到零位后，推车装置动作，将车皮推出，进入溜车线，可安置牵引台车，将车皮运到侧面空车线路。

B 螺旋卸车机

螺旋卸车机适用于敞车装载的各种粉状物料的卸车，如图3－4所示。其工作过程为螺旋卸料机在把对好货位的重车车门打开后，将螺旋降至车厢的一端，旋转螺旋，移动大车至另一端，继续下降螺旋，来回移动大车，直至把车上的物料全部卸完为止。但螺旋卸车机不能把车上的料卸得干干净净，需要手扶铲或其他设备清理车底。

3.4.1.2 一次料场设备

一次料场的作用是按品种、成分的不同分别堆放、贮存原料，二次料场的作用是进行多种原料的中和（主要是铁料）。

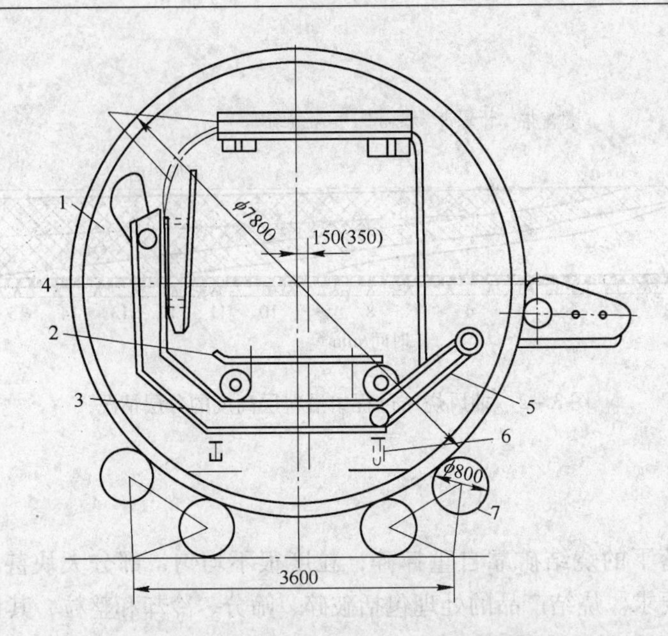

图 3－3　KFJ－2A 型翻车机构造简图

1—转子（两个转子由 4 个圆盘用连接梁连接）；2—站台车（由 8 组滚轮和 32 个托架组成）山摇臂机构；
3—摇臂机构；4—靠帮及托梁；5—传动装置；6—缓冲装置；7—拖轮（8 组，16 个）

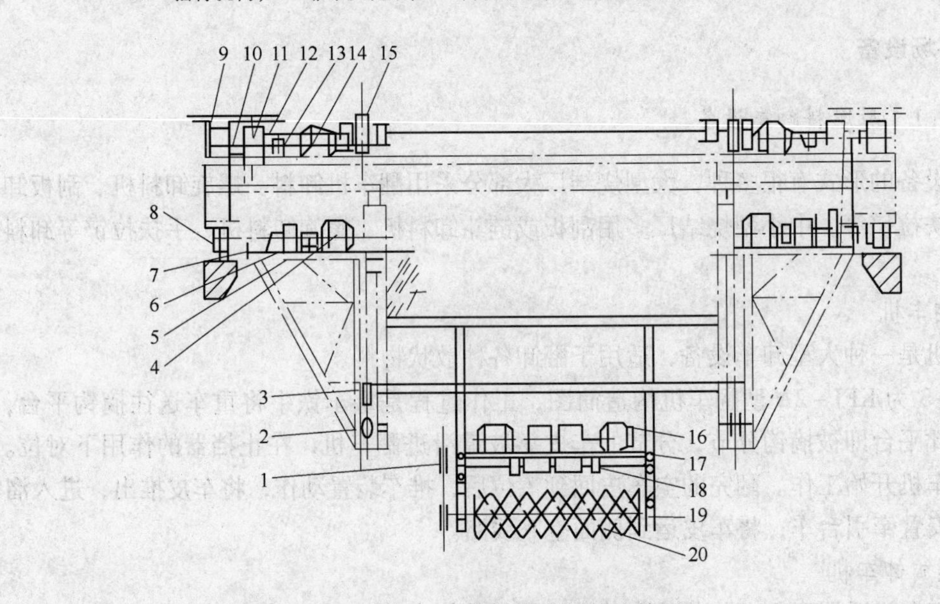

图 3－4　螺旋卸料机构造简图

1，2，3，15—链轮；4，14，16—电机；5，13—制动器；6，7，9，12，17—减速机；
8—大车行走轮；10，11—齿型连轴器；18—齿轮连轴器；19—轴承；20—螺旋

A　摇臂式堆料机结构

摇臂式堆料机结构如图 3－5 所示。堆料作业方式有两种：定点堆料和回转堆料，一般多用定点堆料。定点堆料就是将臂架根据需要固定在某一高度和某一角度堆料，待物料达到要求高度后，将臂架回转另一角度下堆料。

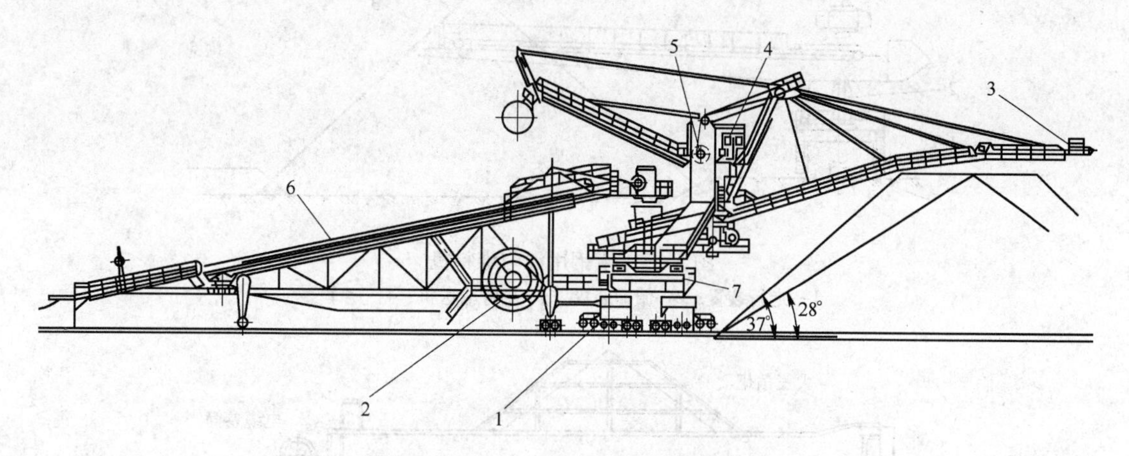

图3-5 摇臂式堆料机

1—走行机构；2—电缆卷筒；3—前臂皮带；
4—操纵室；5—变幅机构；6—尾车；7—回转机构

B 斗轮式取料机

斗轮式取料机结构，如图3-6所示。

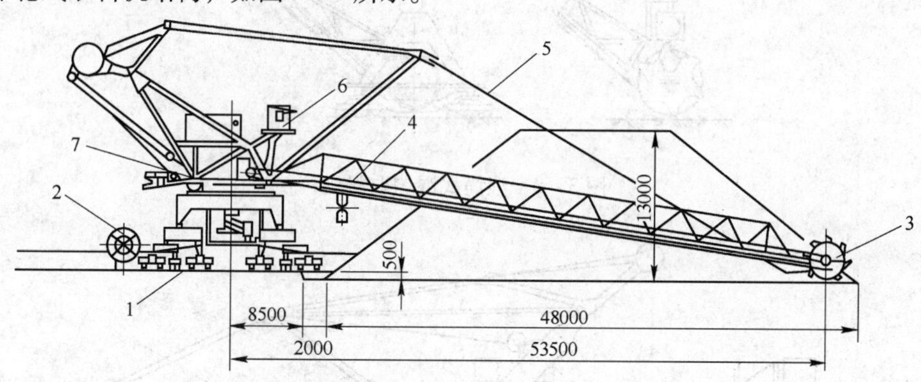

图3-6 斗轮式取料机

1—走行机构；2—电缆卷筒；3—斗轮机构；4—前臂皮带；
5—变幅机构；6—操作室；7—回转机构

3.4.1.3 二次料场设备

通过混匀料场设备及操作，保证铁料成分稳定，T(Fe) ≤ ±0.5%。

A 混匀堆料机

混匀堆料机，按悬臂结构形式，基本上可以分为三种类型：即俯仰单悬臂式、俯仰双翼式和俯仰旋转悬臂式。宝钢引进的是俯仰单悬臂式（如图3-7所示）。

混匀堆料机的主要结构是由走行装置、俯仰装置、悬臂输送机和尾车等组成。

B 混匀取料机

目前普遍采用的混匀取料机有滚筒式、双斗轮旋回桥式及斗轮普通桥式等三种。

滚筒式混匀取料机，如图3-8所示。双斗轮旋回桥式取料机，如图3-9所示。

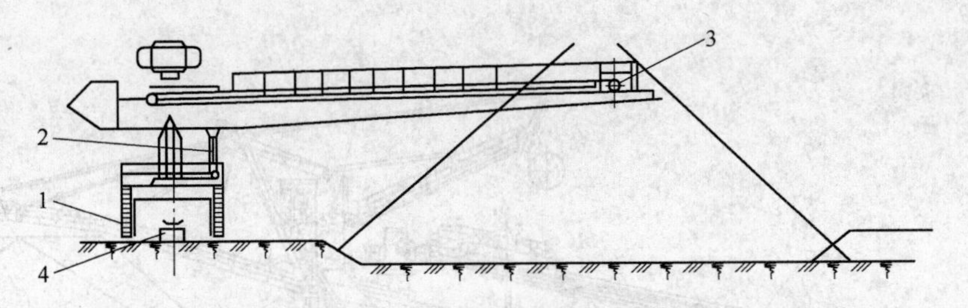

图 3 - 7　宝钢用混匀堆料机

1—走行装置；2—俯仰装置；3—悬臂输送机；4—尾车

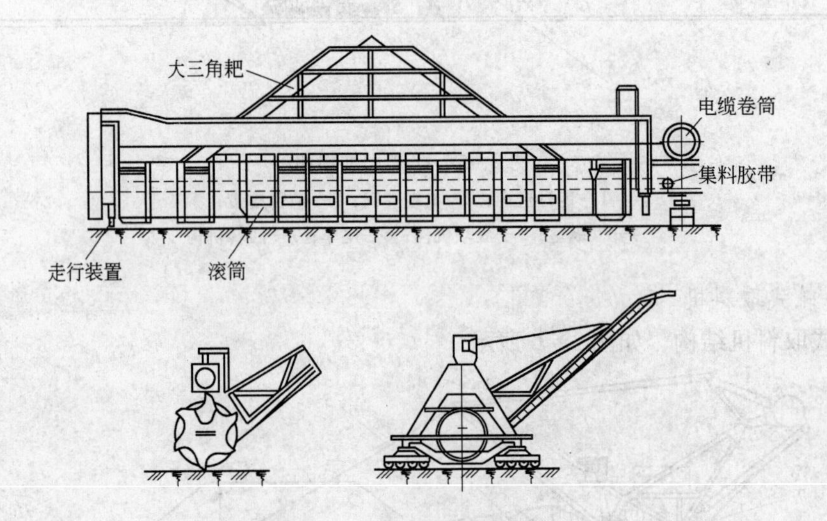

图 3 - 8　滚筒式混匀取料机

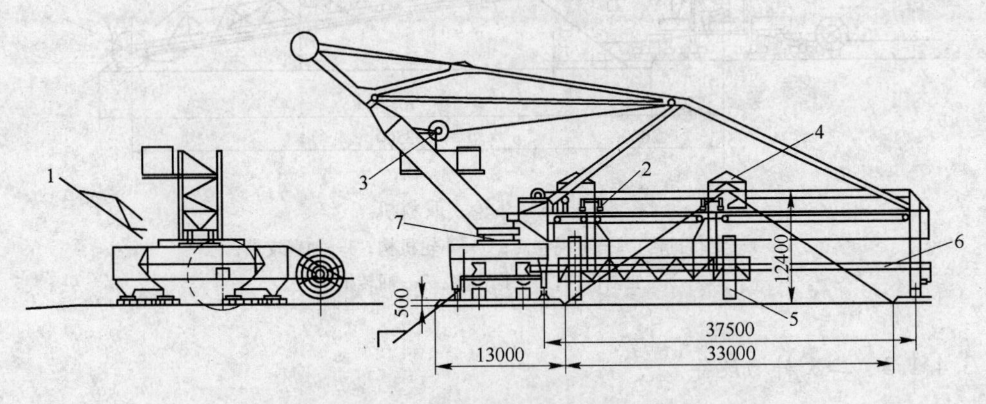

图 3 - 9　双斗轮旋回桥式混匀取料机

1—走行装置；2—横行装置；3—俯仰装置；4—料耙及倾动装置；

5—取料装置；6—机内输送机；7—旋转装置

3.4.2　配料设备

圆盘给料机和皮带电子秤或核子秤组合而成的装置，是目前常用的配料设备。

3.4.2.1 圆盘给料机

圆盘给料机构造如图3－10所示。圆盘转动时，料仓内的物料随着圆盘一起移动，并向出料口的一方移动，经闸门或刮刀排出物料。排出量的大小可用刮刀装置或闸门来调节。

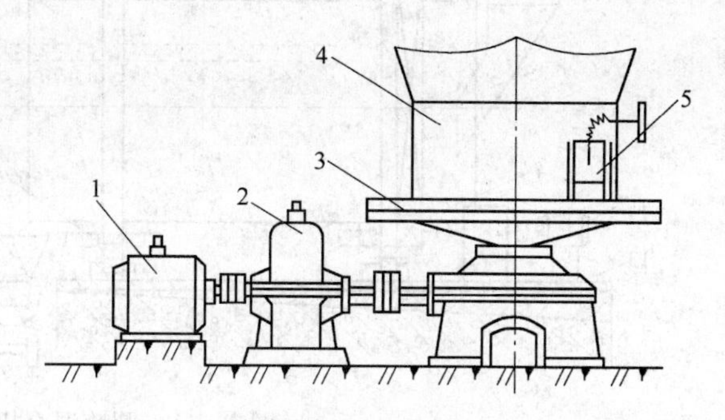

图3－10 圆盘给料机
1—电动机；2—减速器；3—圆盘；4—套筒；5—闸门

3.4.2.2 电子皮带秤

电子皮带秤用于皮带运输机输送固体散粒性物料的计量上，可直接指示皮带运输机的瞬时送料量，也可累计某段时间内的物料总量，如果与自动调节器配合还可进行输料量的自动调节，实现自动定量给料。此外，它具有计量准确、反应快、灵敏度高、体积小等优点，因此，它在烧结厂被广泛地应用在自动重量配料上。

电子皮带秤由秤框、传感器、测速头及仪表组成。秤框用以决定物料有效称量，传感器用以测量重量并转换成电量信号输出，测速头用以测量皮带轮传动速度并转换成频率信号，仪表由测速、放大、显示、积分、分频、计数、电源等单元组成，用以对物料重量进行直接显示及总量的累计，并输出物料重量的电流信号作调节器的输入信号作调节器的输入。

电子皮带秤基本工作原理如下：按一定速度运转的皮带机有效称量段上的物料重量p，通过秤框作用于传感器上，同时通过测速头，输出频率信号，经测速单元转换为直流电压u，输入到传感器，经传感器转换成Δu电压信号输出，电压信号Δu通过仪表放大后转换成0～10mA的直流电I0信号输出，I0变化反映了有效称量段上物料重量及皮带速度的变化，并通过显示仪表及计数器，直接显示物料重量的瞬时值及累计总量，从而达到电子皮带秤的称量及计算目的。

3.4.2.3 核子秤

核子秤的基本配置包括秤体、主机部分和信号传输通道三部分。

3.4.3 混料设备

一般采用圆筒式混合机。其构造如图3－11所示。主要由筒体、滚圈、支撑轮、传动机构、进出料漏斗和机架组成。

3.4.3.1 圆筒混合机的工作原理

混合料进入圆筒后，由于物料与筒壁之间产生摩擦力，在圆筒旋转时的离心力作用下，附于筒壁上升到一定的角度，然后靠重力的作用滚下来，与上升的物料产生相对运动而滚成球。混合料在多次往复运动的过程中，在混合机倾角的帮助下，不断地向前移动。这种轴向移动速度主要与圆筒倾角有关。倾角越大，其移动速度也越快，亦即混合造球时

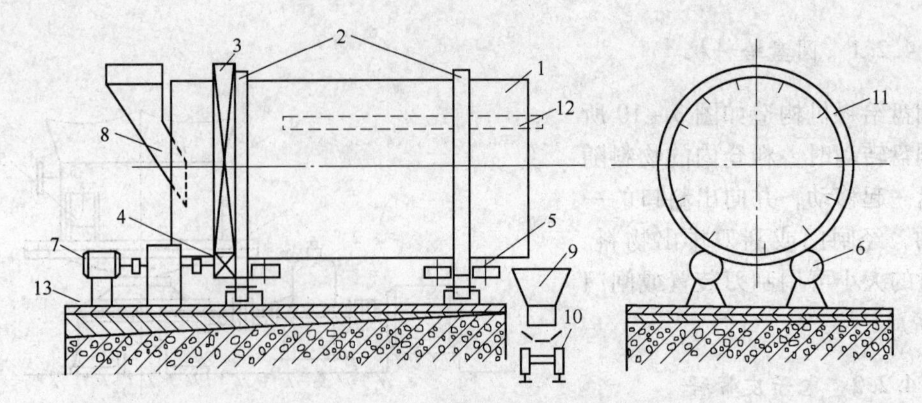

图3-11 圆筒混合机简图

1—筒体；2—滚圈；3—传动齿圈；4—传动小齿轮；5—挡轮；6—托轮；7—传动机构；8—给料漏斗；9—出料漏斗；10—梭式给料器；11—角钢；12—给水管；13—钢板垫

间越短，效果也就越差，故混合机安装倾角一般最大不超过4°。一次混合机为2°~4°，二次混合为1°31′~2°30′。

3.4.3.2 圆筒混合机的工艺参数

A 转速

转速过小，混合料所受到的离心力、圆周力也就越小，物料就不能上升到足够的高度，只堆积在圆筒下部。这种情况起不到混合与造球的作用。相反，如果圆筒转速过大，物料所受到的离心力大，致使物料紧贴附于筒壁而带到很高的部位才抛落下来，所以圆筒的转速有一个上限，这个上限转速叫临界转速，可按下式计算：

$$n = \frac{12}{\sqrt{R}}$$

式中 n——临界转速，r/min；

R——圆筒半径，m。

B 混合时间

一般混合时间根据实验和生产实践来确定，通常设计为5min以上，其中，一段为2min左右，二段为3min左右。根据此时间选择混合机规格，按选定的规格核算混合时间。

C 混合机的充填系数

充填系数是指圆筒混合机内物料所占圆筒体积的百分数。圆筒混合机内物料充填系数增大，混合时间不变时，能提高混合机产量，但是由于料层增厚，物料的运动受到限制和破坏，因此对混匀和制粒不利，然后充填系数过小，生产率低且物料间相互作用力小，对制粒也不利。在生产实践中，一次混合的充填系数为15%~20%，二次混合的充填系数为8%~10%。

3.4.4 布料、点火、烧结设备

3.4.4.1 布料设备

布料和铺底料装置如图3-12所示，主要由以下几部分构成。

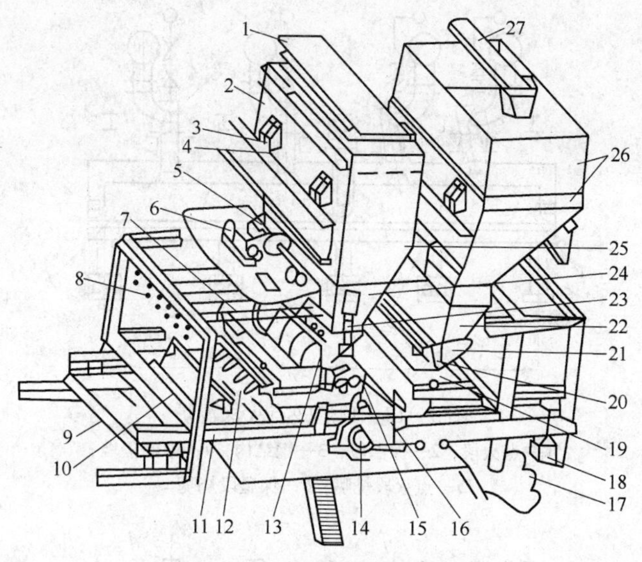

图3－12 布料和铺底料装置

1—梭式输送机；2，24—混合料槽；3—油压千斤顶（标定测力传感器用）；4—测力传感器；5—自动清扫器提升装置；6—限制旋转检测器；7—混合料溜槽；8—扣大块拉手；9—台车；10—料层调节板；11—层厚调节装置；12—层厚检测器；13—给料装置；14—电机；15—给料滚筒；16—减速器；17—驱动轮；18—平衡重锤；19—摆动漏斗；20—铺底料调节装置；21—铺底料给料装置；22—铺底料下部矿槽；23—油缸；25—水分检测器；26—铺底料槽；27—输送机

（1）梭式布料机。梭式布料机实质就是带小车的给料皮带机。靠小车的往复运动，混合料不是直接卸入料槽，而是经梭式布料机均匀布于料槽中，使槽内料面平整，做到布料均匀。

（2）混合料槽。混合料槽内衬有衬板。出口处设有排出量粗调闸门，微调由辅助闸门完成，还装有混合料槽位控制。

（3）圆辊给料机。圆辊给料机由圆辊筒体及衬板、圆辊用刮板式清料器，圆辊驱动用直流电动机、减速机、联轴器及罩子等组成。

（4）辊式布料器。混合料由圆辊布料机经辊式布料器布于台车上。辊式布料器一般由9个辊子组成。工作时，可消除混合料粘辊现象，使布料更均匀，同时也可偏析布料，尽量将较大粒度的布到料层下面，改善透气性。

（5）松料器。松料器，即在料层的中部水平方向装一排直径约40mm的钢管，间距200mm左右，铺料时把钢管埋上，台车行走时钢管从料层中退出，在台车中形成一排松散的条带，改善料层的透气性。

（6）混合料料层厚度控制刮板。刮料板作用是将装入台车上的混合料均匀地刮平。台车上的料层厚度可以从机旁的指示器示出。

3.4.4.2 点火装置

烧结点火装置布置在第一真空箱的上方，目前点火装置主要有点火保温炉及预热点火炉两种。图3－13、图3－14分别是顶燃式点火保温炉和预热点火炉的结构图。

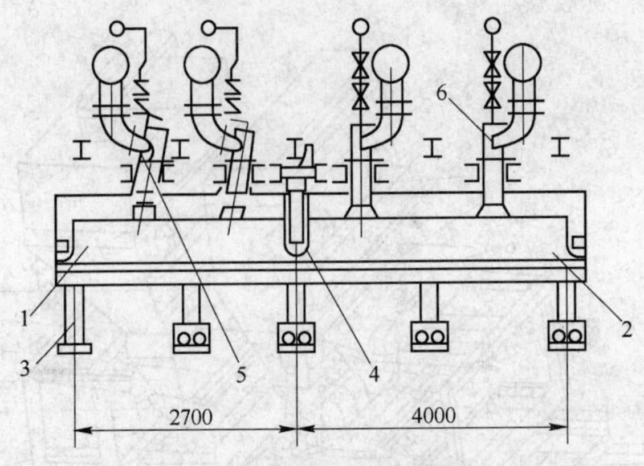

图3－13 顶燃式点火保温炉

1—点火段；2—保温段；3—钢结构；4—中间隔墙；
5—点火段烧嘴；6—保温段烧嘴

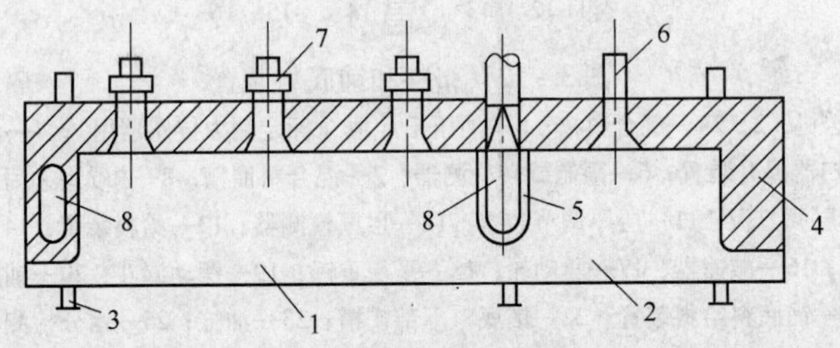

图3－14 预热式点火炉

1—预热段；2—点火段；3—钢结构；4—炉子内衬；
5—中间隔墙；6—点火段烧嘴；7—预热段烧嘴；8—预热器

3.4.4.3 带式烧结机

带式烧结机的结构如图3－15所示。工作过程为：传动装置带动的头部星轮将台车由下部轨道经头部弯道而抬到上部水平轨道，并推动前面的台车向机尾方向移动。在台车移动过程中，给料装置将铺底料和混合料装到台车上，并随着台车移动至风箱上面即点火器下面时，同时进行点火抽风，烧结过程从此开始。当台车继续移动时，位于台车下部的风箱继续抽风，烧结过程继续进行，台车移至烧结机尾部的那个风箱或前一个风箱时，烧结

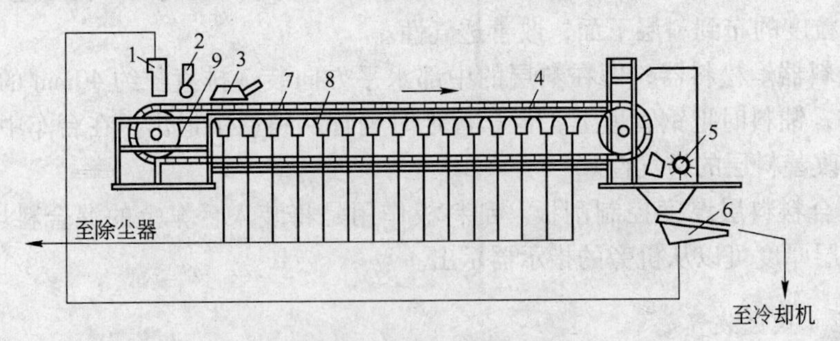

图3－15 带式烧结机示意图

1—铺底料布料器；2—混合料布料器；3—点火器；4—烧结机；
5—单辊破碎机；6—热矿筛；7—台车；8—真空箱；9—机头链轮

过程进行完毕，台车在机尾弯道处进行翻转卸料，然后靠后边台车的顶推作用而沿着水平（摆架式或水平移动架式）或一定倾角（机尾固定弯道式烧结机）的运行轨道移动，当台车移至头部弯道处，被转动着的头部星轮咬入，通过头部弯道转至上部水平轨道，台车运转一周，完成一个工作循环，如此反复进行。

3.4.5 烧结矿的产品处理设备

3.4.5.1 烧结矿的破碎设备

目前我国普遍采用的是剪切式单辊破碎机，其构造如图 3－16 所示。

剪切式单辊破碎机是借助转动的星辊与侧下方的箅板形成剪切作用将热烧结矿破碎的。

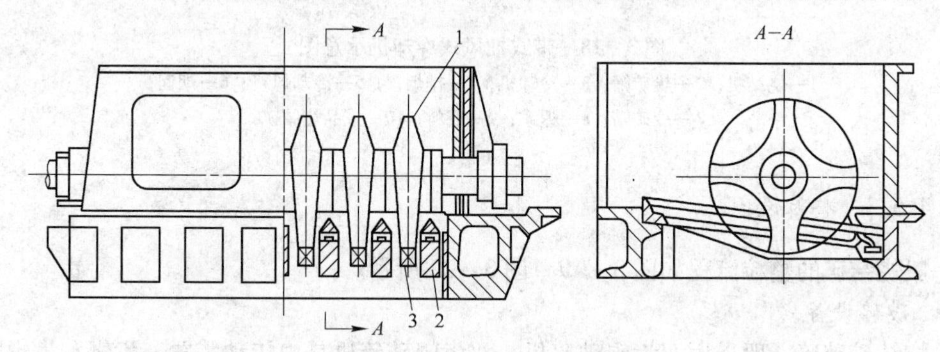

图 3－16 剪切式单辊破碎机

1—星辊；2—固定箅；3—齿冠

3.4.5.2 冷却设备

用于烧结矿冷却的设备种类很多，用于机外冷却的设备以环冷机、带冷机为主。

A 环式冷却机

结构如图 3－17 所示。根据通风方式不同，可分为抽风环冷机和鼓风环冷机两大类。

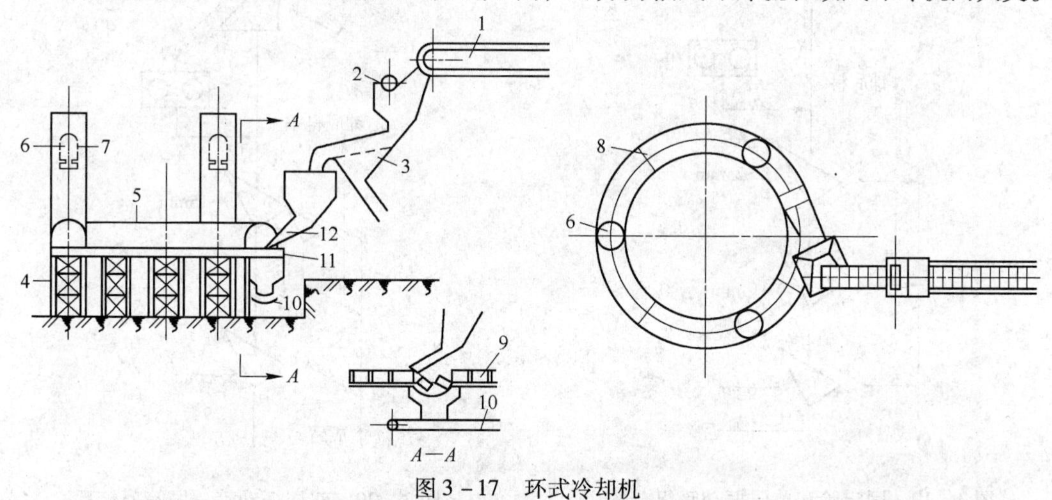

图 3－17 环式冷却机

1—烧结机；2—破碎机；3—振动筛；4—钢架；5—烟罩；6—烟囱；7—轴流风机；8—挡风板；9—台车；10—冷却运输带；11—环冷机机体；12—溜槽

B 带式冷却机

带式冷却机是一种带有百叶窗式通风孔的金属板式运输机，如图3－18所示。

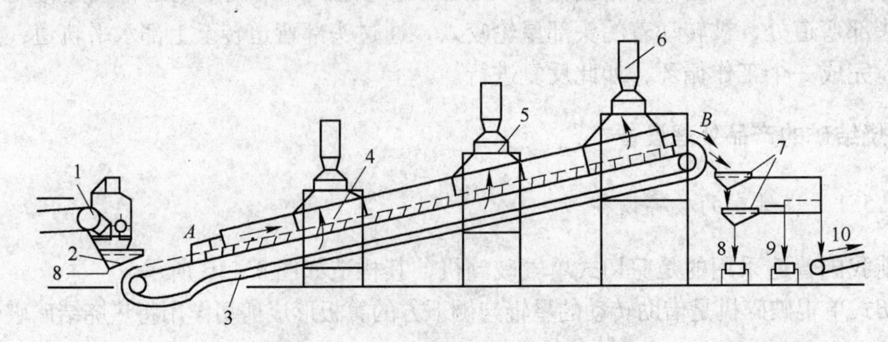

图3－18 带式抽风式冷却机示意图

1—烧结机；2—热矿筛；3—冷却机；4—排烟罩；5—冷却风机；6—烟囱；7—冷矿筛；8—返矿；9—底料；10—成品烧结矿

3.4.5.3 整粒设备

一般烧结矿的整粒流程如图3－19～图3－22所示。

A 破碎设备

冷烧结矿破碎一般采用双齿辊破碎机，双齿辊破碎机是由传动装置、齿辊和齿辊间隙调整装置等组成。齿辊及安装位置如图3－23、图3－24所示。

B 筛分设备

固定筛，位置固定不动，一般筛子与水平呈35°～40°倾角，倾角可调，筛条间隙为50mm、40mm或35mm等。

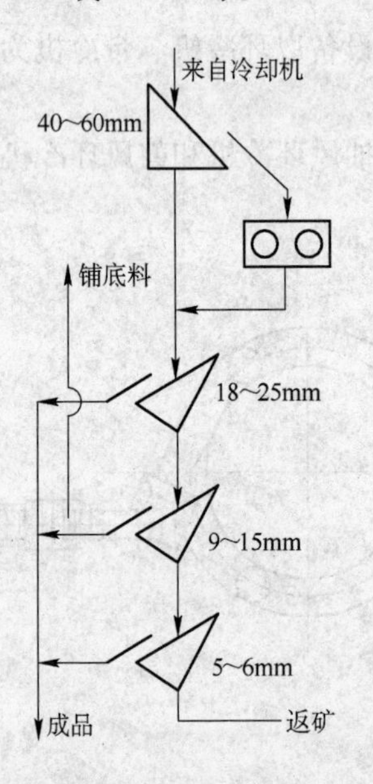

图3－19 固定筛和单层振动筛组合的四段筛分流程

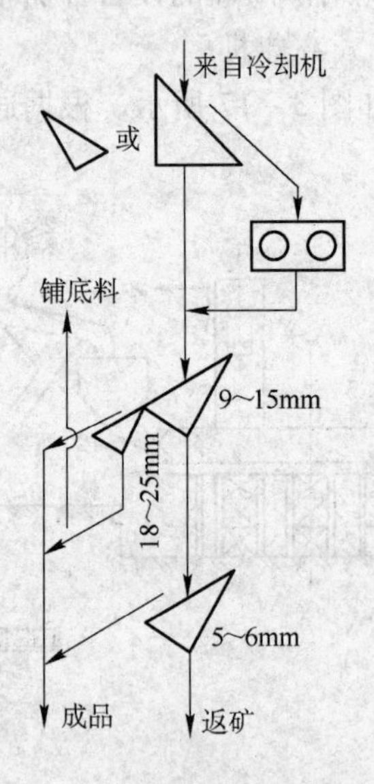

图3－20 双层振动筛三段筛分流程

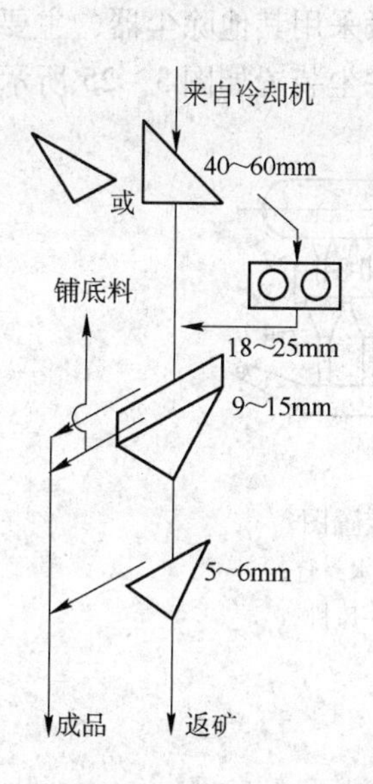

图 3－21 振动筛组合的三段筛分流程

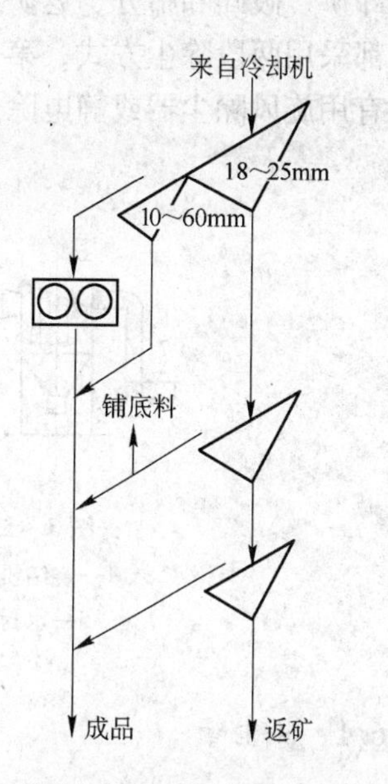

图 3－22 两种筛孔的固定筛及单层振动筛组合的三段筛分流程

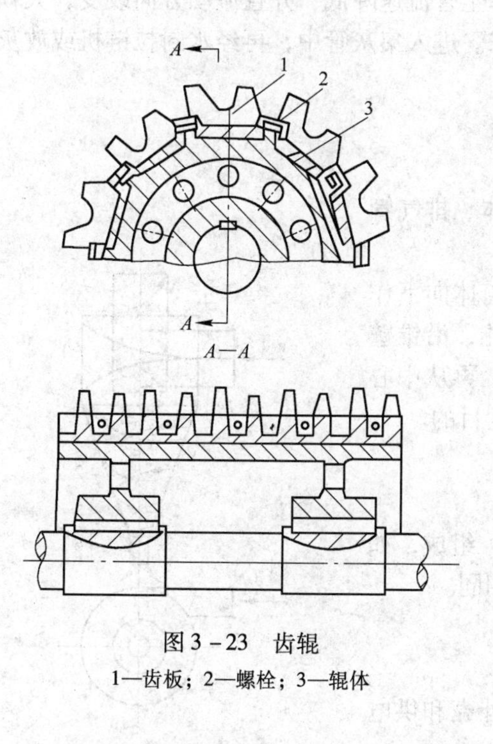

图 3－23 齿辊

1—齿板；2—螺栓；3—辊体

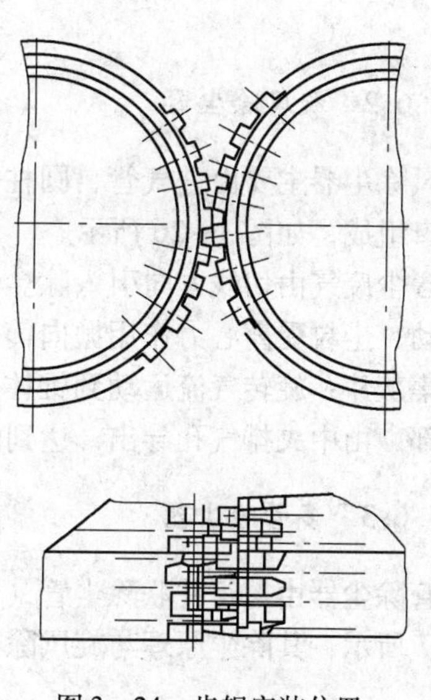

图 3－24 齿辊安装位置

冷烧结矿筛分用的振动筛主要有自定中心振动筛和直线振动筛。

3.4.6 除尘设备

烧结厂是钢铁企业产生粉尘最多的地方。这些粉尘主要来自烧结中主烟道废气含尘，其次机尾卸矿、破碎和筛分、返矿运输及冷却机排气都产生一定的粉尘。

一般都采用两段除尘方式，第一段为降尘管，第二段采用其他除尘器，主要是多管除尘器，也有用旋风除尘器或静电除尘器的。一般流程和除尘装置如图3－25所示。

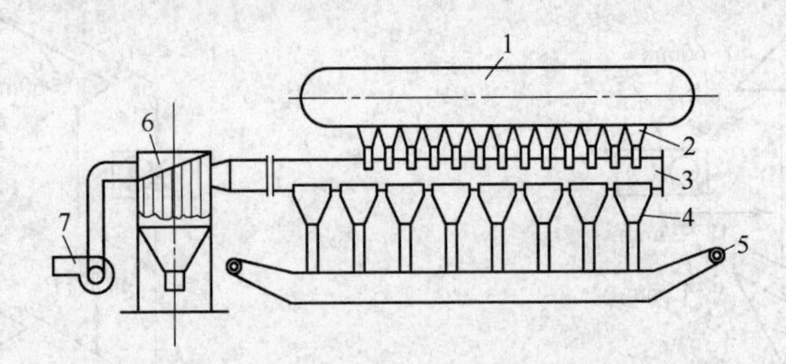

图3－25　烧结机抽风系统除尘装置图

1—烧结机；2—风箱；3—降尘管；4—水封管；5—水封拉链机；6—多管除尘器；7—风机

3.4.6.1　降尘管

降尘管是连接风箱和抽风机的大烟道。它有集气和除尘的作用。

降尘管属于重力惯性除尘装置。废气进入降尘管流速降低，并且流动方向改变，大颗粒粉尘借重力和惯性力的作用从废气中分离出来。进入集灰管中，再经水封拉链机或放灰阀排走。

3.4.6.2　旋风除尘器

旋风除尘器主要由进气管、圆柱体、圆锥体、排气管和排灰口组成，如图3－26所示。

当含尘废气由切线方向引入除尘器后，沿筒体向下作旋转运动，尘粒受离心力作用抛向筒壁失去动能，沿锥壁下落到集灰斗：旋转气流运动到锥体底部受阻，再从中心返回上部，由中央排气孔导出，达到两者分离的目的。

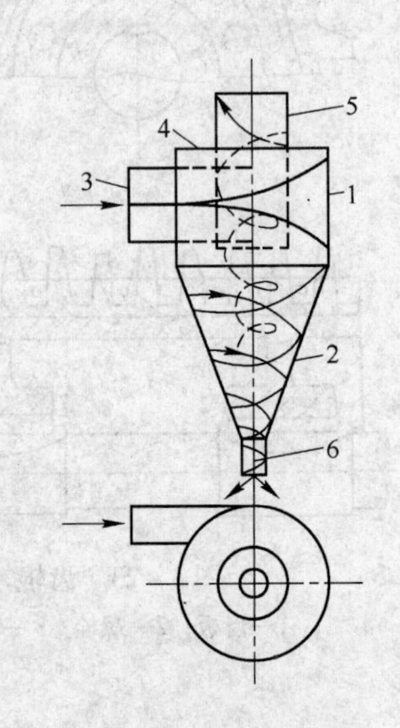

图3－26　旋风除尘器

1—筒体；2—锥体；3—进气管；4—顶盖；5—中央排气筒；6—灰尘排出口

3.4.6.3　多管除尘器

多管除尘器由一组并联除尘管（即旋风子）组成，如图3－27所示，其除尘原理与旋风除尘器基本相同。

3.4.6.4　电除尘器

电除尘器由电极、振打装置、放灰系统、外壳和供电系统组成。负电极为放电极，正极接地为收尘极。

电除尘器的除尘原理：在负极加以数万伏的高压直流电，正负两极间产生强电场，并在负极附近产生电晕放电。当含尘气体通过此电场时，气体电离形成正、负离子，附着于灰尘粒子表面，使尘粒带电，由于电场力的作

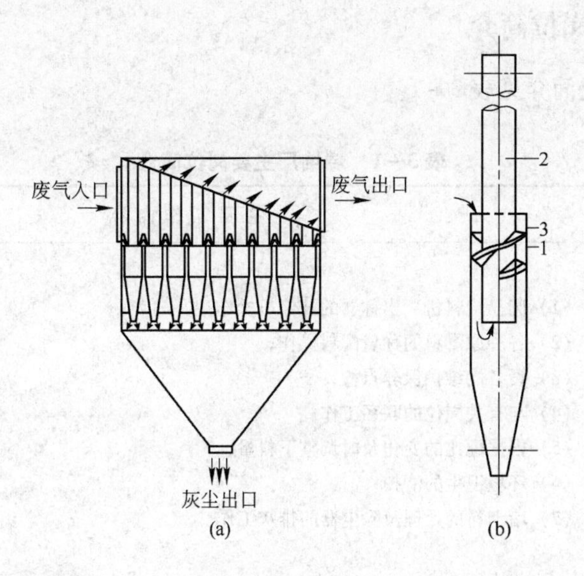

图 3-27 多管除尘器
（a）多管除尘器总图；（b）单个除尘管图
1—旋风子；2—导气管；3—导气螺旋

用，荷电尘粒向电性相反的电极运动，接触电极时放出电荷，沉积在电极上，使粉尘与气体分离。

图 3-28 为卧式电除尘器。

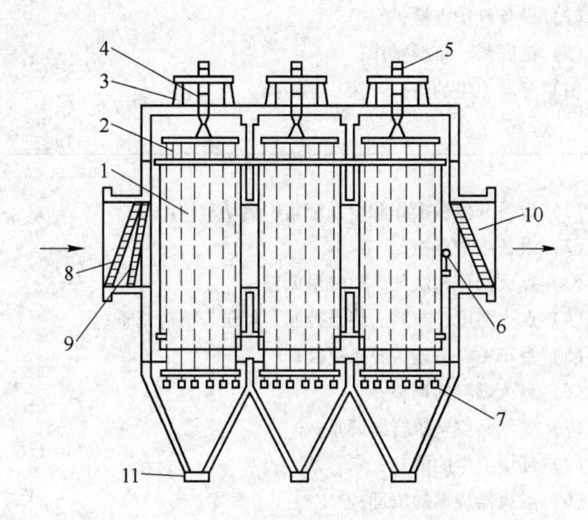

图 3-28 卧式电除尘器
1—电极板；2—电晕线；3—瓷绝缘支座；4—石英绝缘管；
5—电晕线振打装置；6—阳极板振打装置；7—电晕线吊锤；
8—进口第一块分流板；9—进口第二块分流板；
10—出口分流板；11—排灰装置

3.5　烧结厂主要岗位简介

烧结厂主要岗位简介见表3－1。

表3－1　烧结厂主要岗位简介

岗　位	主要工作内容
配料岗位	（1）圆盘给料机、出称器的开停机操作； （2）各种原燃料的称量配料操作； （3）设备的维护保养点检； （4）与有关岗位的联系工作； （5）根据配比的变化及时调整下料量； （6）环境卫生的清扫； （7）堵卡料的处理及除尘器的排灰工作
混料岗位	（1）混料机的开停机操作，维护点检； （2）混料机内加水混合； （3）烧结机供料； （4）环境卫生清扫
布料岗位	（1）本工序的开停机操作； （2）设备维护点检； （3）铺底料、布料操作； （4）环境卫生的清扫
烧结岗位	（1）设备开停机操作和全系统集中启动； （2）设备维护点检； （3）点火操作和煤气、空气量调整； （4）点火温度、布料、终点控制，负压、机速调整； （5）台车粘料清理，箅条更换； （6）点火燃料的调整； （7）煤气、空气执行器调整； （8）环境卫生的清扫； （9）点火器烧嘴的清理； （10）紧急事故处理等

复习思考题

3－1　简述现代烧结生产的工艺流程。
3－2　试述翻车机卸料作业。
3－3　原料中和的目的是什么，原料中和常采取什么方法？
3－4　简述圆筒混料机的结构形式与工作原理？
3－5　烧结生产为什么要铺底料？
3－6　简述带式烧结机的结构和工作原理？
3－7　烧结矿冷却有哪些方法，各有什么特点？

4 球团生产

球团工艺是细磨铁精矿粉或其他含铁粉料造块的一种方法。由于对炼铁用铁矿石品位的要求日益提高，大量开发利用贫铁矿资源后，选矿技术为烧结提供了大量细磨铁精矿粉[<200目（0.074mm）]，这样的细磨铁精矿粉用于烧结不仅工艺技术困难，烧结生产指标恶化，而且能耗浪费。球团矿生产正是处理细磨铁精矿粉的有效途径。随着我国“高碱度烧结矿配加酸性球团矿”这种合理炉料结构的推广，球团矿生产也有了较大发展。

4.1 球团原料及其准备

根据用途与化学成分，球团原料分为不同的两类。一类是含铁原料；另一类主要是含铁少或不含铁的原料，主要用于促进造球，改善球团物理机械特性和冶金特性。

4.1.1 含铁原料

见第3章烧结中3.2.1含铁原料。

原料进厂后若不能满足造球工艺要求需加工处理，主要有再磨、干燥、中和等。

再磨可分为干磨和湿磨两种，如图4-1所示。采用的磨矿设备为圆筒形磨机，多用钢球作为磨矿介质。有些情况下是采用钢棒或块矿（“砾石”）作为磨矿介质。

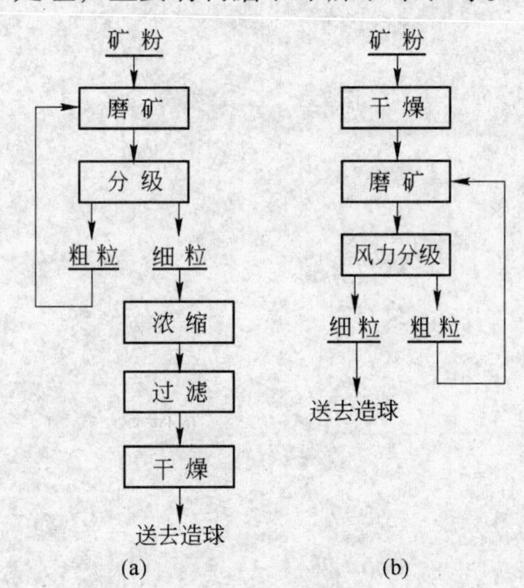

图4-1 造球原料磨矿工艺流程
（a）湿磨；（b）干磨

干燥也分为两种：一种是将精矿粉或混合料全部经干燥机干燥至造球适宜的水分；另一种是将部分精矿干燥，与其他未经干燥的精矿配合使用。我国精矿粉含水一般都较高，不利于造球，因此在造球前有必要进行干燥，使矿粉含水量降到低于最适宜的造球的湿度。

中和是为了控制和减少原料化学成分的波动，保持原料化学成分的稳定。中和的方法与烧结原料的准备处理相似。

4.1.2 黏结剂与添加剂

4.1.2.1 黏结剂

黏结剂同细磨矿石颗粒相结合有利于改善湿球、干球以及焙烧球团的特性。最主要的一种黏结剂就是水。球团生产使用的黏结剂有膨润土、消石灰、石灰石、白云石和水泥等。氧化固结球团常用膨润土、消石灰两种。

膨润土是使用最广泛、效果最佳的一种优质黏结剂。它是以蒙脱石为主要成分的黏土矿物，蒙脱石又称微晶高岭土。蒙脱石是一种具有膨胀性能呈层状结构的含水铝硅酸盐，其化学分子式为：$Si_8Al_4O_{20}(OH)_4 \cdot nH_2O$，化学成分为 SiO_2 66.7%，Al_2O_3 28.3%。膨润土实际含 SiO_2 60% ~70%，Al_2O_3 为 15% 左右，另外还含有其他杂质，如 Fe_2O_3、Na_2O、K_2O 等。

4.1.2.2 添加剂

球团矿添加熔剂的目的主要是改善球团矿的化学成分，特别是其造渣成分，提高球团矿的冶金性能，降低还原粉化率和还原膨胀率等。常用的碱性添加剂有消石灰、石灰石和白云石等钙镁化合物。粒度要求比烧结更细，细磨后小于 0.074mm 含量为 90% 以上。

在我国现有条件下，最合理的添加物应该认为是消石灰或消石灰和石灰石的混合物。

4.2 造球作业

4.2.1 球团生产工艺流程

球团生产的工艺流程如图 4－2 所示。

4.2.2 配料与混合

球团矿使用的原料种类较少，故配料、混合工艺比较简单，如同烧结一样。

4.2.3 造球

细磨物料经过混合作业后，在造球设备的机械力的作用下，受到滚动、转动、挤压等机械运动形成了生球。

造球是球团生产工艺的关键。生球的质量对成品球团矿的质量影响很大，必须对生球质量严格要求。对生球的一般要求是粒度均匀，强度高，粉末含量少。粒度一般应控制在 9 ~16mm。每个球的抗压强度湿球不小于 90N/个，干球不小于 450N/个，落下强度自 500mm 高落到钢板上不小于 4 次。破裂温度应大于 400℃。干球应具有良好的耐磨性能。为了提高焙烧设备的生产率和成球质量，将小于 9mm 和大于 16mm 的球筛除，经打碎再参与造球。

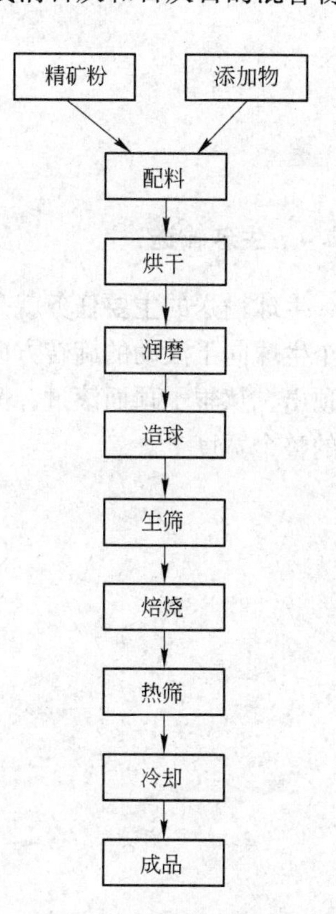

图 4－2 球团生产工艺流程

混合料的造球设备常用的有圆筒造球机和圆盘造球机，圆盘造球机是目前国内外广泛使用的造球设备（图 4－3）。混合料给入造球盘内，受到圆盘粗糙底面的提升力和物料的摩擦力作用，在圆盘内转动时，细颗粒物料被提升到最高点，从这点小料球被刮料板阻挡强迫地向下滚动，小料球下落时，黏附矿粉而长大。小球不断长大后，逐渐离开盘底，它被圆盘提升的高度不断降低，当粒度达到一定大小时，生球越过圆盘边而滚出圆盘。在圆盘的成球过程中产生了分级效应，排出的都是合格粒度的生球，生球粒度均匀，不需要过筛，没有循环负荷。

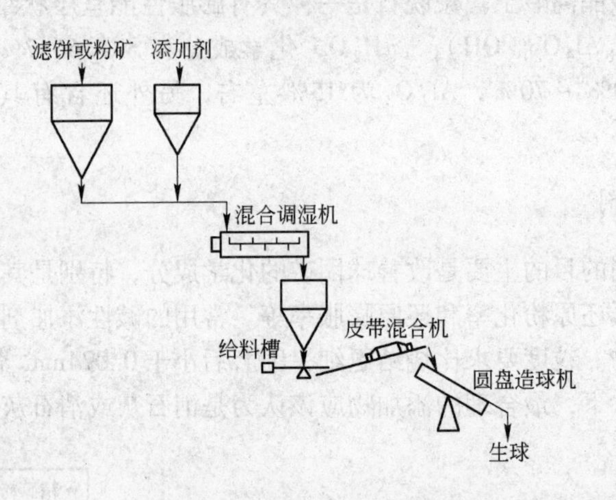

图 4－3　圆盘造球机工艺流程示意图

4.2.4　生球输送

生球输送的主要任务就是将生球完好无损地传送给下一个工艺阶段。如图 4－4 所示，每个生球向下滚动的旋转方向同圆辊的旋转方向相对。滚到两辊间隙内的生球被后面的生球顶出，从辊子顶面滚过，又滚入下一个辊隙内。同时，生球被横向推开分布到辊式布料器的整个宽度上。

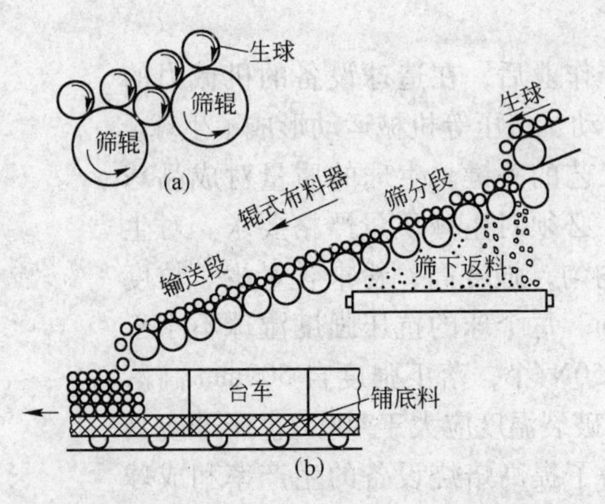

图 4－4　辊式布料器工作方式示意图
（a）辊间生球运动状态；（b）往焙烧机台车上布料

4.3　球团焙烧工艺

目前国内外球团矿氧化焙烧工艺有三种焙烧方法：带式焙烧机法、链箅机－回转窑和竖炉法。表 4－1 列出了三种焙烧方法的不同特点。

表4-1 三种球团焙烧方法比较

项目	带式焙烧机	链箅机-回转窑	竖 炉
主要特点	(1) 便于操作、管理维护; (2) 可处理各种矿石; (3) 焙烧周期比竖炉短，各段长度易于控制; (4) 可处理易结圈的原料; (5) 上下层球团质量不均; (6) 台车、箅条需要耐高温合金钢; (7) 要加铺底料和边料; (8) 焙烧时间短	(1) 设备结构简单; (2) 焙烧均匀，产量高质量好; (3) 可处理各种矿石；可生产自熔性球团矿; (4) 回转窑不用耐高温合金钢，链箅机仅用低合金钢; (5) 回转窑易“结圈”; (6) 环冷机冷却效果不好，不适于易“结圈”物料; (7) 维修工作量大; (8) 大型部件运输、安装困难	(1) 结构简单; (2) 材质无特殊要求; (3) 炉内热利用好; (4) 焙烧不够均匀; (5) 单机能力小; (6) 原料适应性差，主要用于磁铁矿
产品质量	良好	良好	较差
基建投资	中	较高	低
经营费用	稍高	低	一般
电耗	较高	较低	高

4.3.1 带式焙烧法

带式法焙烧球团矿是应用最普遍的一种方法，图4-5为我国某钢铁厂162m^{2}带式焙烧机车间工艺流程图。

带式焙烧机的基本结构与带式烧结机相似。上部是焙烧机罩，它构成供热和供风系统，该系统用于向球团料层内输送所需的干燥、焙烧以及冷却用的工艺气流。

带式焙烧机的全部热处理过程都集中在带式机进行，一般沿焙烧机整个长度依次可分为干燥、预热、焙烧、均热和冷却等5个区域。

在带式焙烧机上可以使固体燃料、气体燃料和液体燃料作为热源。全部采用固体燃料时，将固体燃料粉末滚附在生球表面，经点火燃烧，供给焙烧所需要的热量。也可全部使用气体或液体燃料，在台车上部的机罩中燃烧，产生的高温废气被下部的抽风机抽过球层进行焙烧。还可以在使用气体燃料的同时，在生球表面滚附少量固体燃料。

工艺气流循环系统可采用鼓风式、抽风式或鼓风和抽风混合流程，如图4-6所示。目前先鼓风后抽风干燥的方式已被广泛采用。沿焙烧机长度方向分为鼓风干燥、抽风干燥、预热、焙烧、均热、鼓风冷却和抽风冷却等几段。各段之间通过管道、风机、阀门等组成一个气流循环系统。各段的长度大致比例为：干燥带占总长度的18%~33%，预热、焙烧和均热段共占30%~35%，冷却段占33%~43%。各段的温度：干燥段不高于800℃。预热段不超过1100℃，焙烧段为1250℃左右。

带式焙烧机布料系统由铺底料、边料和生球布料两部分组成。生球的布料系统由摆动皮带，宽皮带和辊式布料器三部分组成。辊式布料器除了均匀布料作用外，同时还起到筛分作用。为了使整个料层得到充分焙烧，防止台车被高温气流烧蚀，缩短台车寿命，在生球布料之前，先铺底料和边料，通过底、边溜槽及调节漏料嘴开口控制，如图4-7所示。带式焙烧机上球层的厚度一般为400~550mm。为了适应焙烧机移动速度快、焙烧时间较

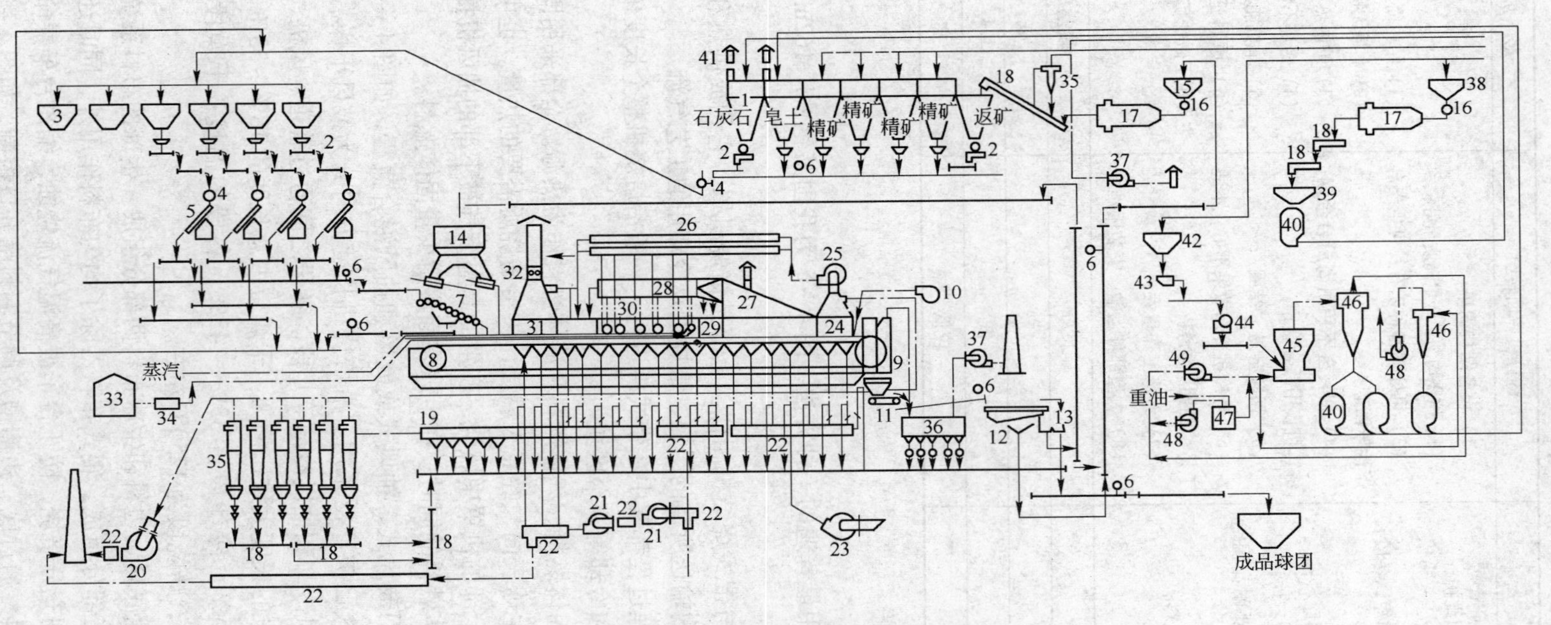

图4-5　162m² 带式焙烧机车间工艺流程示意图

1—配料槽；2—定量给矿机；3—中间矿仓；4—轮式混合机；5—圆盘造球机；6—皮带秤；7—辊式布料机；8—焙烧机；9—卸矿装置；10—密封风机；11—板式给料机；12—自动平衡振动筛；13—分料漏斗；14—边底料槽；15—返矿槽；16—圆盘给料机；17—双室管磨机；18—螺旋运输机；19—沉降管；20—主轴风机；21—鼓风干燥机；22—风管；23—冷却风机；24—第二冷却区风罩；25—回热风机；26—一次风管道；27—第一冷却区风罩；28—二次风主管；29—均热区风罩；30—焙烧区风罩；31—干燥区风罩；32—废气排风区；33—重油罐；34—重油泵房；35—旋风除尘器；36—布袋除尘器；37—除尘风机；38—石灰石矿槽；39—中间矿槽；40—输送泵；41—仓顶收尘器；42—皂土仓；43—槽式给矿机；44—颚式破碎机；45—悬辊磨粉机；46—旋风分离器；47—热风干燥炉；48—风机；49—主风机

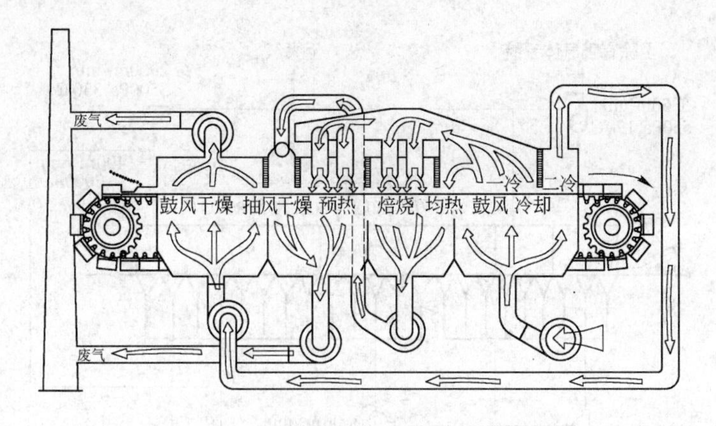

图4-6　DL型带式焙烧机风流系统

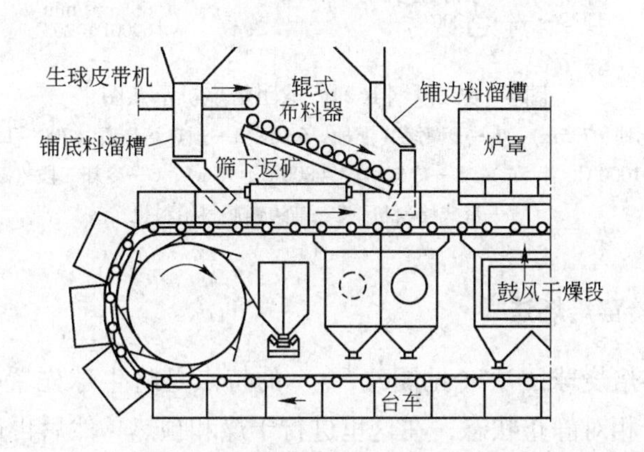

图4-7　DL型带式焙烧机生球、铺边料及铺底料布料系统

短的特点，生球的粒度一般为9~16mm，由于球层的透气性良好，带式焙烧机所采用风机的压力比带式烧结机要小。

图4-8是我国包钢使用液体或气体燃料162m^{2}球团焙烧机示意图。可以全部使用液体燃料，也可以使用气体燃料。带式焙烧机上依次为鼓风干燥区、抽风干燥区、预热及焙烧区、均热、一次鼓风冷却和二次鼓风冷却区。由于焙烧温度和气氛性质比较容易控制，因此适合不同原料（如赤铁矿球团、磁铁矿球团、混合矿球团）的焙烧。

为了提高热能利用率，利用鼓风冷却热球团矿。冷空气由冷却风机送入，经过冷却段向上通过台车上的热球团料层，使800~900℃热球团得到冷却，温度降至150℃，冷空气同时被预热到750~800℃。这部分热空气，一部分作为燃料的二次空气，一部分作为点火用的一次空气，另一部分供均热段使用。焙烧段后半段和均热段的热废气利用抽风机送到鼓风干燥段。为了保证废气温度恒定、冷却空气一部分与冷却段热废气相混合，以保证温度符合要求。鼓风干燥段上有抽风机，以保持台车干燥段上为负压，可减轻烟气对环境的污染。预热段和焙烧段所需要的热量是由燃料燃烧供给的。由于采用了这种热废气的回流系统，带式焙烧机的热量利用率很高，但抽风系统需要许多耐高温（500~600℃）风机。台车箅条采用耐热合金钢，并且采用厚度为100mm的铺边、铺底料，以减少台车的烧损。焙烧机有效长度54m，台车宽3m，机速为1.6m/min，球层厚度300~320mm，设计年产量为110万吨。

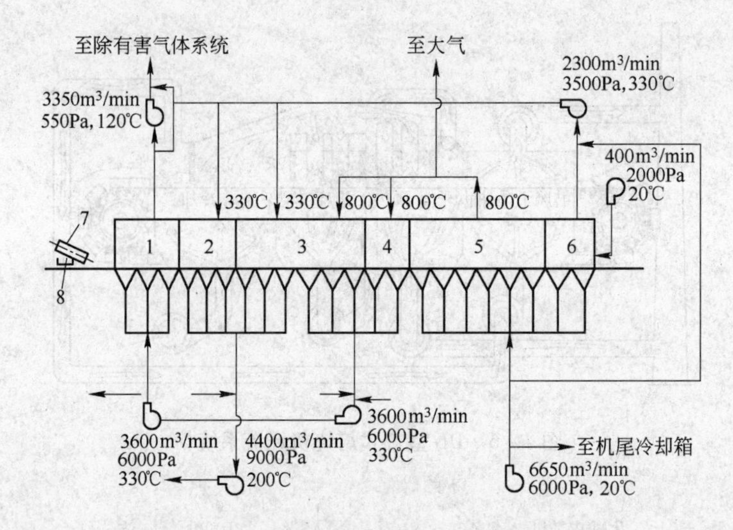

图 4－8　包钢 162m² 球团焙烧机示意图

1—干燥段（上抽，7.5m）；2—干燥段（上抽，6m）；3—预热焙烧段（700～1350℃，15m）；4—均热段（1000℃，4.5m）；5—冷却一段（800℃，15m）；6—冷却二段（330℃，6m）；7—带式给料机；8—铺边铺底料给料机

4.3.2　链箅机－回转窑焙烧法

链箅机－回转窑焙烧球团法（见图 4－9）的特点是将生球先置于移动的链箅机上，生球在链箅机上处于相对静止状态，在这里进行干燥和预热，然后再送入回转窑内。球团在窑内不停地滚动，进行高温固结，生球的各个部位都受到均匀的加热。由于球团矿在窑内不断滚动，使球团矿中精矿颗粒接触得更紧密，所以焙烧效果好，生产的球团矿质量也好，适合处理各种铁矿原料。而且可以根据生产工艺的要求来控制窑内的气氛，这种方法不但可用于生产氧化性球团矿，而且还可以生产还原性（金属化）球团矿，以及综合处理多金属矿物，如氯化焙烧等。

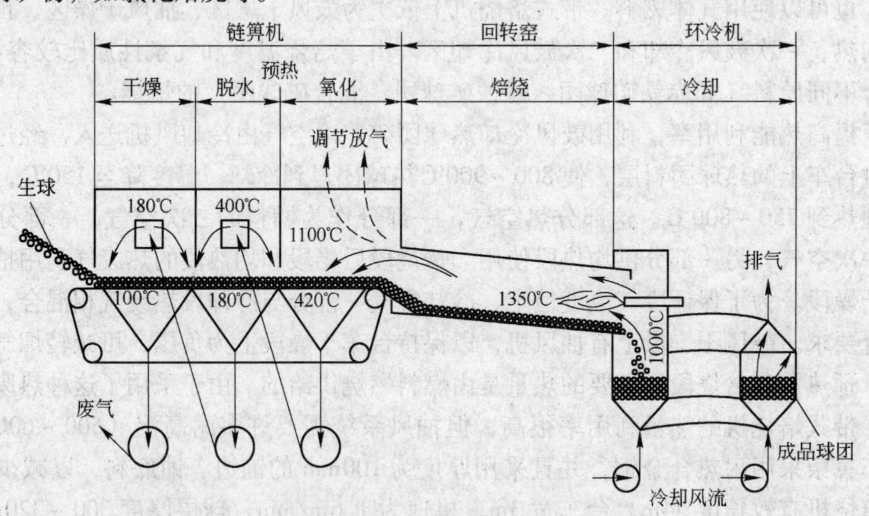

图 4－9　链箅机－回转窑工艺设备运转功能示意图

4.3.2.1 布料

链箅机的布料不用铺底料和边料，一般采用的布料机有两种，一种是梭式布料器，另一种是辊式布料器。梭式布料器布料时可以减少链箅机外的压力损失，提高了链箅机的生产能力。辊式布料器布料对生球有筛分和再滚的作用。两种方法都能将生球均匀地布于运转的链箅机上。料层厚度一般为150～200mm。

4.3.2.2 干燥和预热

布于链箅机上的生球，随着链箅机向前运动，生球受到来自回转窑尾部高温废气的加热，依次干燥和预热，生球中的水分被脱除，球团内矿物颗粒初步固结，获得一定强度。根据球团原料性质的不同，炉罩和抽风箱分别可分为若干段和若干室。对于磁铁精矿和一般赤铁矿球团，采用两段式，即一段抽风干燥和一段抽风预热；对于褐铁精矿球团，可采用三段式，两段抽风干燥（第一段干燥、第二段脱水）和一段抽风预热；对于粒度极细、水分较高、热稳定性很差的球团，为避免抽风干燥时料层底部过湿，生球受压变形而导致球层透气性的恶化，可采用四段式，即第一段鼓风干燥，第二、第三段抽风干燥，第四段预热。

按风箱分室有二室式和三室式两种，从而组成二室二段式（干燥段和预热段各一个抽风室）、二室三段式（第一干燥段用一个抽风室，第二干燥段和预热段合用一个抽风室）三室三段式（一、二干燥段和预热段各有一个抽风室）和四段三室式（第一鼓风干燥段和预热段各用一个抽风室，第二、三抽风干燥段合用一个抽风室）等形式。

预热和干燥段气流是这样循环的：从回转窑尾部出来的高温废气（1000～1100℃），由预热抽风机抽入预热段对生球预热，再将预热段250～450℃的废气抽入干燥段对生球进行干燥，最后废气温度降至120～180℃排入大气，热能利用是比较充分的。

4.3.2.3 焙烧

将链箅机上已经预热好的球团矿，随即卸入回转窑内，这时它已经能够经受回转窑的滚动。在不断滚动过程中进行焙烧，因此温度均匀，焙烧效果良好。

回转窑卸料端装有燃烧喷嘴，喷射燃料燃烧，提供焙烧所需的热量。热空气与料流逆向运行，进行热交换。窑内焙烧温度一般控制在1300～1350℃，回转窑所采用的燃料一般为气体燃料（如天然气、煤气）或液体燃料（如重油、柴油），也可采用固体燃料（如煤粉）。窑内的球团矿填充率为6%～8%，球团进入回转窑内随筒体回转，球团被带到一定高度又下滑，在不断地翻滚和向前运动中，受到烟气的均匀加热而获得良好的固结，最后从窑头排出进入冷却机冷却。

4.3.2.4 冷却

从回转窑内排出的高温球团矿，卸到环式冷却机中进行冷却，温度为1250～1300℃，料层厚度达500～700mm，一般采用鼓风式冷却。冷却时球团矿得到进一步氧化，提高球团矿的还原性。冷却后球团矿温度降至150℃以后，用胶带机运输送往高炉。冷却过程中把高温段冷却形成的高温废气（1000～1100℃）作为回转窑烧嘴的二次燃烧空气返回窑内；低温段的热废气（400～600℃）则可供给链箅机作干燥介质用。这可大大提高热效率。

4.4　球团生产主要设备

4.4.1　原料的磨碎设备

球团厂广泛应用的磨矿设备是润磨机。它以润态方式研磨和处理半干、半湿物料。

润磨机工作原理是：润磨机不断旋转，将筒体内的介质带到一定高度，润磨介质由于自重落下，对物料产生冲击，同时由于介质在筒体内沿筒体径向的公转和本身的自转，物料在介质和筒体之间，介质和介质之间受到打、压、挤、撞、捣和磨剥力，从而被研磨，同时还受到强有力的混捏作用。铁精矿通过细磨，提高了细度，－200 目（－0.074mm）粒级含量可提高 8%～12%，改变了表面形状，表面活性能增加，因而成球性能好，球团强度提高。润磨机的工作原理如图 4－10 所示。

4.4.2　给料与配料设备

常用的为圆盘给料机和电子皮带秤，其结构与工作原理与烧结所用的相同。

4.4.3　混合与造球设备

4.4.3.1　混合设备

混合设备的作用是把按一定配比组成的烧结或球团料混匀，且形成一定粒度组成的料球，以保证球团矿的质量与产量。常用设备为圆筒混料机，其结构与工作原理与烧结所用的相同，请参阅烧结部分。

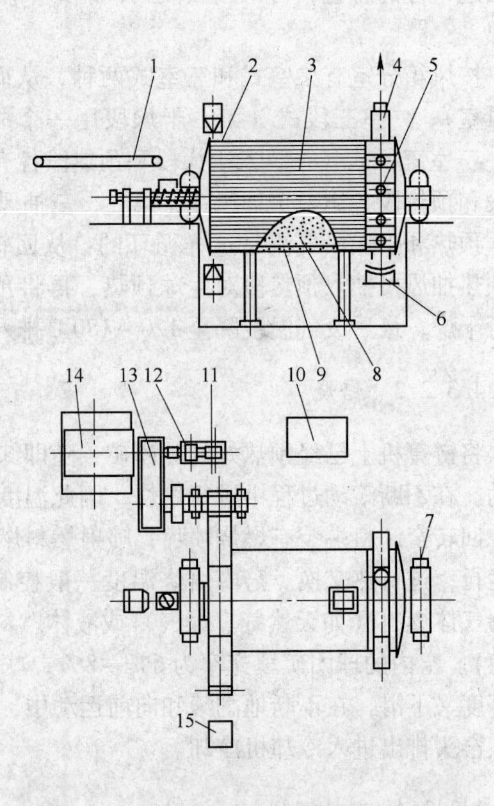

图 4－10　3.2m×5.3m 润磨机工作原理图

1，6—皮带机；2—螺旋给料机；3—筒体；4—烟囱；5—排料口；7—主轴承；8—磁铁精矿＋钢球；9—橡胶衬板；10—高低压润滑站；11—大齿轮；12—慢速驱动装置；13—主减速机；14—主电机；15—喷射润滑装置

4.4.3.2　造球设备

圆盘造球机是目前国内外广泛使用的造球设备，我国球团厂都采用这种设备，从结构上可分为伞齿轮传动的圆盘造球机和内齿轮圈传动的圆盘造球机。

伞齿轮传动的圆盘造球机主要由圆盘、刮刀、刮刀架、大伞齿轮、小圆锥齿轮、主轴、调倾角机构、减速机、电动机、三角皮带和底座等组成，见图4－11。造球机的转速可通过改变皮带轮的直径来调整，圆盘的倾角可以通过螺杆调节。

圆盘造球机造出的生球粒度均匀，不需要筛分，没有循环负荷。采用固体燃料焙烧时，可在圆盘的边缘加一环形槽，就能向生球表面黏附固体燃料，不必另添专门设备。圆盘造球机质量小，电耗少，操作方便，但是单机产量低。

内齿轮传动的圆盘造球机是在伞齿轮传动的圆盘造球机的基础上改进的。改造后的造球机主要结构为：圆盘连同带滚动轴承的内齿圈固定在支承架上，电动机、减速机、刮刀架均安在支承架上，支承架安装在机座上，并与调整倾角的螺杆相连，当调节螺杆时，圆盘连同支承架一起改变角度，见图 4－12。

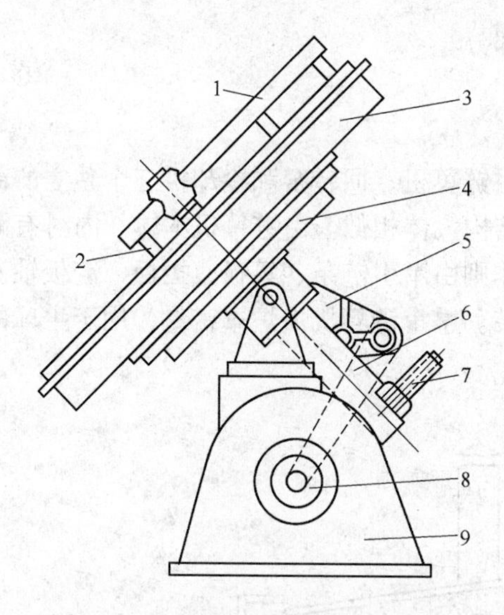

图 4－11 伞齿轮传动的圆盘造球机
1—刮刀架；2—刮刀；3—圆盘；4—伞齿轮；
5—减速机；6—中心轴；7—调倾角螺杆；
8—电动机；9—底座

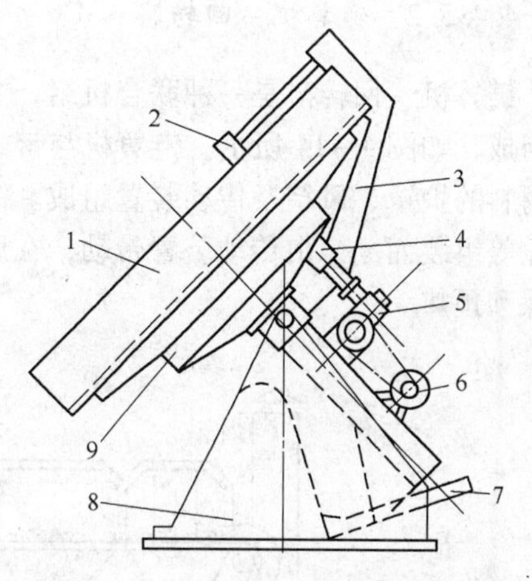

图 4－12 内齿轮圈传动圆盘造球机
1—圆盘；2—刮刀；3—刮刀架；4—小齿轮；
5—减速机；6—电动机；7—调倾角螺杆；
8—底座；9—内齿圈

4.4.4 布料设备

往焙烧机上布料是否均匀，直接关系到球团矿的产量与质量，布料成为生产中的主要问题之一。布料设备应用最广泛的是辊式布料机。

辊式布料机用来将生球均匀地布到焙烧台车上。布料机由多组圆辊排列组成，辊间隙给料端稍大，而排料端较小，一般为 1.5～2mm。传动部可采用链传动，也可采用齿轮传动。有的布料机是固定在一移动小车上，布料时根据料层厚度前后移动，使生球均匀布到台车上。辊式布料机传动示意图，如图 4－13 所示。

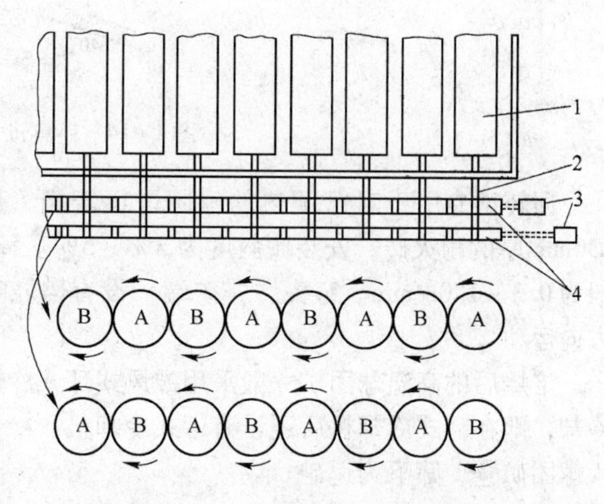

图 4－13 辊式布料机传动示意图
1—辊；2—轴；3—传动装置；4—传动齿轮
A—固定在轴上的齿轮；B—套在轴上的活动齿轮

辊式布料机布料均匀，效果显著。布料机前半段具有筛分作用，可筛除不合格生球和碎料。同时生球在布料机上滚动，可使其表面更光滑，强度也进一步提高，料层的透气性得到改善。布料机工作可靠，操作维护方便。规格为 2m × 2.6m 辊式布料机，在安装倾角为 1°40′ ~ 3°时，圆辊转速 96r/min，生产能力可达每小时 140t。

4.4.5 焙烧设备

4.4.5.1 带式焙烧机

带式焙烧机与带式烧结机相似，请参阅烧结部分。

4.4.5.2 链箅机 – 回转窑

链箅机 – 回转窑是一种联合机组，主体设备由链箅机、回转窑和冷却机三个独立的部分组成，如图 4 – 14 所示。链箅机与带式焙烧机结构大体相似。由链箅机本体、内衬有耐火材料的炉罩、风箱及传动装置组成。链箅机本体则由牵引链条、箅板、拦板、链板轴及星轮等组装而成，由传动装置带动，在风箱上运转。整个链箅机由炉罩密封，用于生球的干燥和预热。

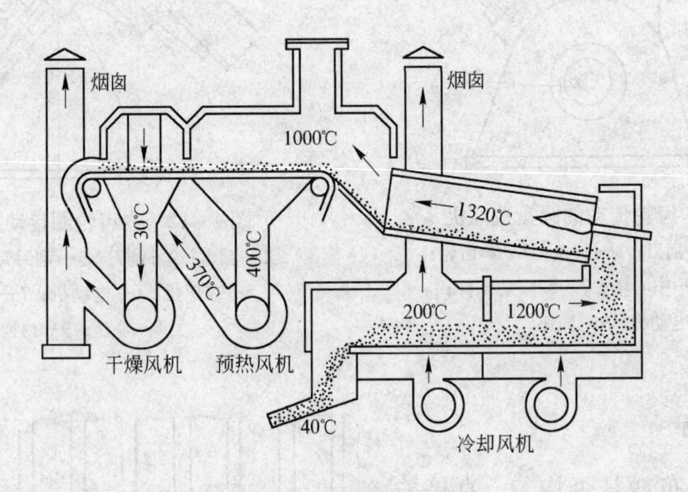

图 4 – 14　链箅机 – 回转窑

回转窑专用于对已预热的球团进行焙烧。其主体是用钢板焊接的圆形筒体，内衬 230mm 厚的耐火砖，安装倾斜度为 3% ~ 5%。筒体由传动装置带动做回转运动，转速一般为 0.3 ~ 1.0r/min。窑头（排矿端）设有燃烧喷嘴，燃烧废气沿筒体向窑尾（进矿端）方向运动。

焙烧后的高温球团矿一般采用鼓风式环式冷却机冷却。国外有的厂进行球团矿的二次冷却，即在环式冷却机后还设有带式冷却机。冷却后球团矿经振动筛筛分，筛上成品球进入球团矿仓，筛下为返矿。

4.4.6 冷却与除尘设备

球团用冷却与除尘设备与烧结相同，请参阅烧结部分。

4.5 球团厂主要岗位简介

4.5.1 作业长岗位职责

作业长在生产负责人领导下，对本作业区的行政管理、生产组织指挥、安全生产和文明生产等全面负责。

当班工作内容包括：

（1）负责各岗位的当班生产组织和协调工作。

（2）负责向生产负责人、调度室及有关部门及时汇报生产、安全及原料等方面存在的问题，并积极采取有效措施保证生产正常进行。

（3）负责指挥竖炉的烘炉、开炉、停炉操作。

（4）完成和指挥竖炉生产中炉况的判断、调整和处理。

（5）负责润磨、烘干、造球、竖炉各工序点的质量随机检查工作。

（6）做好原料和成品球的理化性能数据的收集、整理和生产统计的工作。

4.5.2 配料岗位职责

（1）认真履行按车间下达的要求：

1）熟悉原料的搭配种类；

2）原料的配比及应下量计算进行调整。

（2）熟悉设备性能，负责本岗位的皮带机，圆盘给料机及工艺皮带秤的开停操作与维护、保养，及时排除操作故障与某些设备故障，更换易损件，配合好捅料工、混料工完成本班的原料的供应和操作记录等工作。

（3）履行皮带机岗位职责，认真联系与交接班，做到安全生产与文明生产，交接班内容：统计好本班的原料及熔剂的使用量及原料配比，每米皮带的下料量，应下量和使用的工具交接设备的运行情况等。

4.5.3 烘干机岗位职责

（1）负责原料干燥系统的正常生产。

（2）熟悉设备性能，负责本岗位的皮带机，圆筒干燥机烘干炉，煤气烧嘴，煤气管道等设备的开停操作与维护、保养，及时排除操作故障与某些设备故障，更换易损件。

4.5.4 润磨岗位职责

（1）负责润磨系统的正常生产，通过对润磨机给料量和钢球的调整，确保磨后精矿粒度控制在要求范围之内，为造球工序创造好的原料条件。

（2）熟悉设备性能，负责本岗位的皮带机、润磨机、油泵、给料翻板等设备的开停操作与维护、保养，及时排除操作故障与某些设备故障，更换易损件。

4.5.5 混合料矿槽岗位职责

（1）熟悉设备性能，负责皮带机及其附属设备的开停操作与维护、保养，负责整个原料系统设备集中开停操作，及时排除操作故障与一般设备故障，更换易损件。

（2）了解本岗位在球团生产中的作用，熟知上料工艺过程，负责对造球机合理供料，使造球机不亏料，不待料，不带负荷停系统皮带机。

（3）经常检查各矿槽存料量，提出增减供料量，力求使供料量与造球机用料量保持一致。

4.5.6 造球岗位职责

（1）掌握本岗位设备性能及工作原理，负责圆盘造球机及附属设备的开停操作与维护、保养，及时排除操作故障与某些设备故障，更换易损件。

（2）根据作业长、组长要求，调整生球数量，力求生球粒度均匀，强度好。

（3）熟知本岗位在生产中的作用，按技术规程的要求进行操作，完成各项指标。

4.5.7 生球筛分岗位职责

（1）负责本岗位设备的开停操作和故障排除。

（2）掌握本岗位设备性能及工作原理，负责设备的检查、维护及保养，及时提出设备缺陷与检修项目、参与设备检修后的试车与验收。

4.5.8 链箅机操作工岗位职责

（1）服从车间安排，密切配合窑头操作工工作，认真负责链箅机各段风箱、烟罩温度的控制，根据温度进行料量和机速的调整。严格按照操作规程，不违章操作，及时清理大辊筛中的积料，调整分料器，冷却部位、润滑部位的检查，所属设备的监护，返料皮带的清理、操作记录等。

（2）设备监护，使用范围：链箅机主机操作，电器设施、仪表盘、风箱阀的开度、冷却水量的大小温度高低、大辊筛辊体和传动电机等。

（3）工作区域范围：操作平台，链箅机的主体平台及皮带周围卫生及大辊筛周围设备定期清理工作。

4.5.9 窑头操作工职责

（1）负责与焦炉煤气使用前的联系，点火前的工作准备，窑内按规定升温曲线，升温范围控制，回转窑、单冷机的运转速度的调整，窜窑工作的执行、出球排料工作的执行，助燃风机、窑头尾落地风机、风量的控制，冷却部位水量供应及窑头煤气操作部位各阀门的使用及各部位设备的监护、操作记录等工作。

（2）设备使用监护范围：回转窑的窑体、托辊、主体传动设备、冷却水量、单冷机所属设备、助燃风机、窑头、尾落地风机及各控制电源等。

4.5.10 带冷机岗位职责

（1）负责本岗位带冷机、链箅机、成品筛及其附属设备的开停操作，维护保养和故障排除。

（2）负责判断球团冷却效果及调整带冷机速，决定冷却风机运转的台数。

（3）负责对集灰输送机易损件更换，尾部丝杆调整。

（4）掌握筛板磨损情况，负责更换筛板和紧固筛体筛板，确保成品球团矿粒度。

4.5.11 成品矿槽岗位职责

（1）保证矿槽畅通，不结料；

（2）控制矿槽料位在正常范围内；

（3）负责球团矿的数据计量；

（4）交班前半小时向调度室、主控室汇报矿槽料位。

4.5.12 风机岗位职责

（1）掌握本岗位设备性能及工作原理，负责冷却风机和助燃风机的开机、停机、送风、放风等操作，负责操作维护冷却风机、助燃风机及其附属设备各管道、阀门等。

（2）严格执行交接班制度，交接班时应口对口说明主抽、耐热风机的运行状况，空压机的运行状况，除尘放灰时间，统一操作制度等，做到安全生产与文明生产。

复习思考题

4－1 球团矿生产对铁精矿的要求有哪些？

4－2 球团矿配加添加剂的主要目的是什么？

4－3 生产中成球过程有哪几种方式？

4－4 圆盘造球机有哪些主要机构，其参数如何选择、调整？

4－5 球团矿氧化焙烧工艺有哪几种方法？

4－6 带式焙烧机的主要优点有哪些？

4－7 焙烧设备有哪几种类型？

5 炼 铁 生 产

炼铁就是通过冶炼铁矿石从中得到金属铁的过程。现代炼铁法主要有高炉炼铁法和非高炉炼铁法。高炉炼铁法，即传统的以焦炭为能源的炼铁法。由于高炉炼铁技术经济指标好，工艺简单、可靠，产量大，效率高，能耗低，这种方法生产的铁占世界生铁总产量90%以上，高炉炼铁这种主导地位预计在相当长时期之内不会改变。

5.1 高炉炼铁生产工艺概述

5.1.1 高炉炼铁生产工艺流程

高炉炼铁的本质是铁的还原过程，即焦炭做燃料和还原剂，在高温下将铁矿石或含铁原料的铁，从氧化物或矿物状态（如 Fe_2O_3、Fe_3O_4、Fe_2SiO_4、$Fe_3O_4 \cdot TiO_2$ 等）还原为液态生铁。

冶炼过程中，炉料（矿石、熔剂、焦炭）按照确定的比例通过装料设备分批地从炉顶装入炉内。从下部风口鼓入的高温热风与焦炭发生反应，产生的高温还原性煤气上升，并使炉料加热、还原、熔化、造渣，产生一系列的物理化学变化，最后生成液态渣、铁聚集于炉缸，周期地从高炉排出。煤气流上升过程中，温度不断降低，成分逐渐变化，最后形成高炉煤气从炉顶排出。高炉炼铁工艺流程如图 5 – 1 所示。

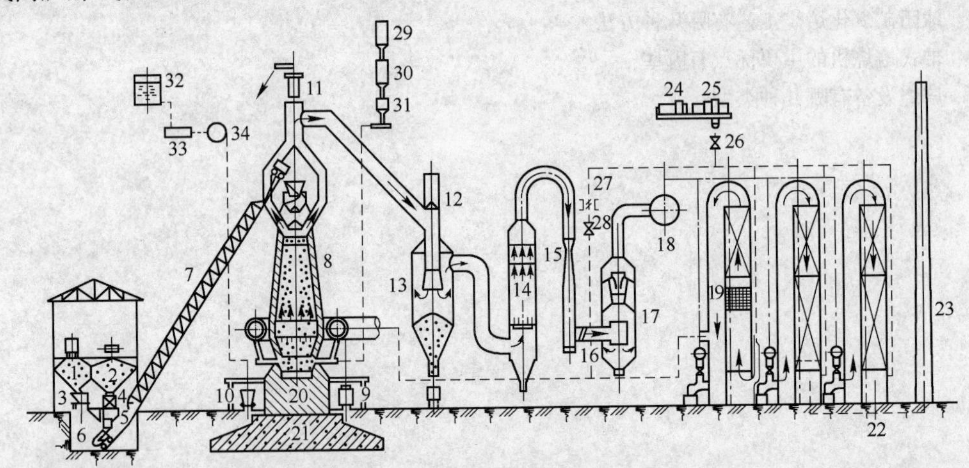

图 5 – 1　高炉生产流程简图

1—贮矿槽；2—焦仓；3—称量车；4—焦炭筛；5—焦炭称量漏斗；6—料车；7—斜桥；8—高炉；9—铁水罐；10—渣罐；11—放散阀；12—切断阀；13—除尘器；14—洗涤塔；15—文氏管；16—高压调节阀组；17—灰泥捕集器（脱水器）；18—净煤气总管；19—热风炉；20—基墩；21—基座；22—热风炉烟道；23—烟囱；24—蒸汽进平；25—鼓风机；26—放风阀；27—混风调节阀；28—混风大闸；29—收集罐；30—贮罐；31—喷吹罐；32—贮油罐；33—过滤器；34—油加压泵

高炉冶炼过程可以归纳为以下四个主要过程：

（1）还原过程——用还原剂夺取氧化铁中的氧，而使铁被还原出来。

（2）造渣过程——把还原出来的铁与脉石分开，并去除有害杂质（如硫等）。

（3）渗碳过程——铁吸收碳素，就变成熔点低而含碳高的生铁，并转变成液体，从而顺利流出高炉。

（4）燃烧过程——焦炭在炉缸风口前燃烧，生成 CO 提供还原过程使用的还原剂和冶炼所需要的热量。

5.1.2 高炉系统

高炉生产是由一个高炉本体和 5 个辅助设备系统完成的。高炉炼铁生产包括以下几个系统。

（1）高炉本体。高炉本体是炼铁生产的核心部分，它是一个近似于竖直的圆筒形设备。

整个冶炼过程是在高炉内完成的。炉料自炉喉上部装入炉膛，铁水和炉渣分别从位于炉缸下部的出铁口、出渣口排出，因为炉渣密度小，浮在铁水上面，所以渣口比铁口位置稍高。风口位于炉缸的上部，沿高炉四周均匀分布，通过围管和风口把热风吹到炉内，以供焦炭燃烧之用。高炉煤气沿炉喉上方的煤气上升管排出。炉缸在出铁口以下有一死铁层保护着炉底，使炉底免遭炉渣和煤气的侵蚀和冲刷。

（2）上料系统。上料系统包括贮矿槽、贮焦槽、料车坑、斜桥、卷扬机、上料车、皮带上料机、原料筛分设备等。其任务是将高炉冶炼所需原燃料通过上料系统装入高炉。烧结矿、焦炭入炉前要经筛分设备进行筛分，由称量漏斗进行称重。高炉上料机主要由斜桥、料车和卷扬机三部分组成。斜桥是连接料车坑与炉顶的大型金属桁架构件，两个上料小车在斜桥上面一上一下地交替运行把各种原料运至炉顶。上料小车由卷扬机拖动。大型高炉上料系统采用皮带上料系统。

（3）送风系统。送风系统包括鼓风机、热风炉、冷风管道、热风管道、热风围管及一系列阀门等，其任务是将鼓风机送来的冷风经热风炉预热后连续可靠地供给高炉。

我国大中型高炉大多数采用离心风机。大量空气经过热风炉加热后吹入高炉与焦炭发生反应，产生铁矿石还原所必需的热量和还原剂。提高热风温度是降低焦比提高产量的有效措施之一，高炉平均风温已达 1200 ~ 1300℃。

每座高炉必须有三到四座热风炉，轮流交替地进行燃烧加热和送热风，才能保证高炉连续不断地得到大量的高温空气。

（4）煤气净化系统。煤气净化系统包括煤气导出管、上升管、下降管、重力除尘器、洗涤塔、文氏管、脱水器及高压阀组等，有的高炉用布袋除尘器进行干法除尘。其任务是将高炉冶炼所产生的荒煤气进行净化处理，以获得合格的气体燃料。

（5）渣铁处理系统。包括出铁场、开铁口机、堵渣口机、炉前吊车、铁水罐车及水冲渣设备等，其任务是及时处理高炉排放出的渣、铁，保证高炉生产正常进行。

（6）喷吹燃料系统。包括原煤的储存、运输、煤粉的制备、收集及煤粉喷吹等，其任务是均匀稳定地向高炉喷吹大量煤粉，以煤代焦，降低焦炭消耗。

高炉炼铁过程是连续不断进行的，高炉上部不断装入炉料和有煤气被导出，下部不断鼓入空气（有时富氧）和定期排放出渣铁。

5.1.3 高炉炼铁原燃料

原燃料是炼铁的基础，其质量好坏直接影响高炉冶炼指标。高炉冶炼需要的原燃料包括铁矿石、焦炭、煤粉及部分熔剂。

5.1.3.1 铁矿石

目前我国高炉的炉料结构是以烧结矿为主，配以一定量的球团矿和天然块矿。最理想的炉料结构是80%左右的高碱度的烧结矿配加20%酸性球团矿。

A 烧结矿

根据高炉的使用要求，烧结矿为高碱度的烧结矿。高碱度烧结矿的优点是：

(1) 有良好的还原性，铁矿石还原性每提高10%，焦比下降8%～9%；

(2) 较好的冷强度和低的还原粉化率；

(3) 较高的荷重软化温度；

(4) 良好的熔融、滴落和渣铁流性能。

按碱度，烧结矿可分为三种：

(1) 非熔剂性烧结矿。烧结矿碱度小于1.0。高炉使用该种矿冶炼时需加熔剂；

(2) 自熔性烧结矿。碱度为1.0～1.3；

(3) 高碱度烧结矿。碱度大于1.3。冶炼时需与低碱度矿搭配使用。

B 球团矿

目前高炉生产普遍使用的是酸性球团矿。球团矿在有些冶金性能上要好于烧结矿。如冷强度好，粒度均匀等。但热还原强度较差。高炉冶炼对球团矿的要求与对天然矿和烧结矿的要求相近，主要是品位高，强度好，性能稳定及粒度合适等。

C 天然块矿

目前很多高炉直接使用一些品位较高的天然块矿。

5.1.3.2 燃料

A 焦炭

焦炭是高炉冶炼不可缺少的燃料，在高炉冶炼中起着重要作用，其作用为：

(1) 燃烧时放热作热源。焦炭在风口前燃烧放出大量热量并产生煤气，煤气在上升过程中将热量传给炉料，使高炉内的各种物理化学反应得以进行。高炉冶炼过程中的热量有70%～80%来自焦炭的燃烧。

(2) 焦炭燃烧产生的CO气体及焦炭中的碳素还原金属氧化物作还原剂。

(3) 支撑料柱起“骨架”作用。焦炭在料柱中占1/3～1/2的体积，尤其是在高炉下部高温区只有焦炭是以固体状态存在，它对料柱起骨架作用，高炉下部料柱的透气性完全由焦炭来维持。煤粉等从风口喷入高炉可代替焦炭起前两个作用。

另外，焦炭还是生铁的渗碳剂。焦炭燃烧还为炉料下降提供自由空间。

B 煤粉

现在，我国高炉都采用了喷吹煤粉的工艺。通过用煤粉置换一部分昂贵的焦炭，降低了生铁成本。

5.1.3.3 熔剂

高炉冶炼中，除主要加入铁矿石和焦炭外，还要加入一定量的助熔物质，即熔剂。

根据矿石中脉石成分的不同，高炉冶炼使用的熔剂，按其性质可分为碱性、酸性和中性三类。

A 碱性熔剂

矿石中的脉石主要为酸性氧化物时，则使用碱性熔剂。由于燃料灰分的成分和绝大多数矿石的脉石成分都是酸性的，因此，普遍使用碱性熔剂。常用的碱性熔剂有石灰石（$CaCO_3$）、白云石（$CaCO_3 \cdot MgCO_3$）、菱镁石（$MgCO_3$）。

B 酸性熔剂

高炉使用主要含碱性脉石的矿石冶炼时，可加入酸性熔剂。酸性熔剂主要有硅石（SiO_2）、蛇纹石（$3MgO \cdot 2SiO_2 \cdot 2H_2O$）、均热炉渣（主要成分为$2FeO$、$SiO_2$）及含酸性脉石的贫铁矿等。生产中用酸性熔剂的很少，只有在某些特殊情况下才考虑加入酸性熔剂。

C 中性熔剂

亦称高铝质熔剂。当矿石和焦炭灰分中Al_2O_3很少，渣中Al_2O_3含量很低，炉渣流动性很差时，在炉料中加入高铝原料作熔剂，如铁钒土和黏土页岩。生产上极少遇到这种情况。

目前由于高炉普遍使用高碱度烧结矿，已很少直接加熔剂，但有时高炉加萤石，（CaF_2），以稀释炉渣和洗掉炉衬上的堆积物。因此常把萤石称作洗炉剂。

5.1.3.4 辅助原料

主要为钛渣及含钛原料，可作为高炉的护炉料。在高炉中加入适量的含钛物料，可使侵蚀严重的炉缸、炉底转危为安。含钛物料主要有钒钛磁铁块矿、钒钛球团矿、钛精矿、钛渣、钒钛铁精矿粉等。

5.1.4 高炉产品

高炉生产的主要产品是生铁，同时也生产出数量很大的高炉煤气、炉渣和炉尘等副产品。

（1）生铁。高炉冶炼生铁的含碳量一般为2.5%～4.5%，并有少量的硅、锰、磷、硫等元素。生铁质硬而脆，缺乏韧性，不能压延成形，机械加工性能及焊接性能不好，但含硅量高的生铁（灰口铁）的铸造及切削性能良好。

生铁按化学成分和用途分为三种，炼钢生铁、铸造生铁和铁合金，普通生铁占生铁产量的98%以上。

炼钢生铁是炼钢的主要原料。表5-1列出了炼钢生铁标准。一般情况下生产炼钢生铁主要是控制其硅、硫含量。铸造生铁用于铸造生铁铸件，主要用于机械行业。要求含硅高含硫低，以便工件硬度低，易于加工，又要含一定量的锰，以利于铸造，且固态有一定韧性。合金生铁主要是锰铁和硅铁。合金生铁作为炼钢的辅助材料，如脱氧剂、合金元素添加剂。它们的主要区别是含硅量不同。

表5-1 炼钢用生铁牌号及化学成分 (%)

铁种			炼钢用生铁		
铁号	牌号		炼04	炼08	炼10
	代号		L04	L08	L10
化学成分	硅		≤0.45	<0.45~0.85	<0.85~1.25
	硫	特类	≤0.02		
		一类	>0.02~0.03		
		二类	>0.03~0.05		
		三类	>0.05~0.07		
	锰	一组	≤0.03		
		二组	>0.03~0.05		
		三组	>0.05		
	磷	一级	≤0.15		
		二级	>0.15~0.25		
		三级	>0.25~0.4		

（2）高炉炉渣。矿石中的脉石、熔剂中的各种氧化物和燃料中的灰分等熔化后组成炉渣，其主要成分为 CaO、MgO、SiO_2、Al_2O_3及少量的 MnO、FeO、S 等。炉渣有许多用途，常用做水泥及隔热、建材、铺路等材料。

高炉炉渣有水渣、渣棉和干渣之分。一般将其冲制成水渣，水渣是液态炉渣用高压水急冷粒化形成的，它是良好的制砖和制作水泥的原料。

（3）高炉煤气。高炉煤气的化学成分包括 CO（20%~30%）、CO_2（15%~20%）、H_2（1%~3%）、N_2（56%~58%）和少量的 CH_4，是良好的气体燃料，除尘后可作为热风炉、烧结、炼钢、炼焦和轧钢等用户的能源。

（4）高炉炉尘。炉尘是随高速上升的煤气带出高炉外的细颗粒炉料，在除尘系统与煤气分离。炉尘中含铁量为30%~45%，炉尘回收后可作为烧结原料加以利用。

5.1.5 高炉生产技术经济指标

衡量高炉炼铁生产技术水平和经济效果的技术经济指标，主要有：

（1）高炉有效容积利用系数（η_V，单位 t/(m³·d)）。高炉有效容积利用系数是指每昼夜每立方米高炉有效容积的生铁产量，即高炉每昼夜的生铁产量 P 与高炉有效容积 $V_{有}$ 之比，它综合地说明了技术操作及管理水平。

$$\eta_V = \frac{P}{V_{有}} \tag{5-1}$$

η_V 是高炉冶炼的一个重要指标，η_V 愈大，高炉生产率愈高。

（2）焦比（K，单位 kg/t）。焦比既是消耗指标又是重要的技术经济指标，焦比是指冶炼每吨生铁消耗的干焦炭量，即每昼夜的焦炭消耗量 Q_k 与每昼夜生铁产量 P 之比：

$$K = \frac{Q_k}{P} \tag{5-2}$$

焦炭消耗量约占生铁成本的30%~40%，欲降低生铁成本必须力求降低焦比。

（3）冶炼强度（I，单位 $t/cm^3 \cdot$ 日）。冶炼强度是指高炉平均每立方米有效容积在一天内所能燃烧的综合干焦量或干焦量。它反映炉料下降及冶炼的强度。其计算公式为：

1）综合冶炼强度，其计算公式为：

$$综合冶炼强度 = \frac{入炉综合干焦量(t)}{高炉有效容积(m^3) \times 实际工作日数(日)} \tag{5-3}$$

2）焦炭冶炼强度，其计算公式为：

$$焦炭冶炼强度 = \frac{入炉干焦量(t)}{高炉有效容积(m^3) \times 实际工作日数(日)} \tag{5-4}$$

（4）焦炭负荷。焦炭负荷用以估计配料情况和燃料利用水平，也是用配料调节高炉热状态时的重要参数。

$$焦炭负荷 = \frac{每批炉料中铁矿石与锰矿石总重}{每批炉料中焦炭量} \tag{5-5}$$

（5）生铁合格率。化学成分符合国家标准的生铁称为合格生铁，合格生铁占总产生铁量的百分数为生铁合格率。它是衡量产品质量的指标。

即：生铁合格率 = 合格生铁量/生铁总产量 ×100%

我国一些企业高炉生铁合格率已达 100%。

（6）休风率。休风率是指高炉休风时间占高炉规定作业时间的百分数。休风率反映高炉设备维护和操作水平，先进高炉休风率小于 1%。

$$休风率 = \frac{休风时间}{规定工作时间} \times 100\% \tag{5-6}$$

5.2 高炉炼铁设备

高炉炼铁设备由一整套复合连续设备系统构成，除了有主体设备高炉本体外，还有上料设备、送风设备、喷吹设备、煤气处理设备、渣铁处理设备等附属设备。

5.2.1 高炉本体

它包括高炉的基础、炉壳（钢板焊接而成）、炉衬（耐火砖砌筑而成）、炉型（内型）、冷却设备、立柱和炉体框架等。

5.2.1.1 高炉炉型

高炉炉型指高炉工作空间的几何形状。它从上到下分为 5 段，即炉喉、炉身、炉腰、炉腹、炉缸，如图 5-2 所示。其中炉缸部位布置有铁口、渣口和风口，数目依据炉容、炉缸直径、冶炼强度等有所差别。

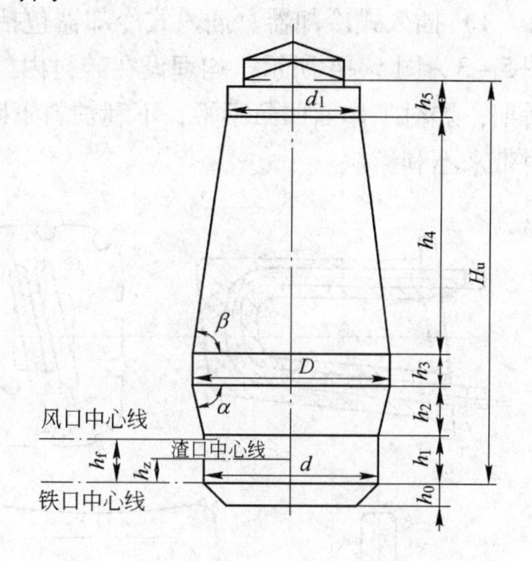

图 5-2 五段式高炉内型图

H_u—有效高度；h_0—死铁层厚度；h_1—炉缸高度；h_2—炉腹高度；h_3—炉腰高度；h_4—炉身高度；h_5—炉喉高度；h_f—风口高度；h_z—渣口高度；d—炉缸直径；D—炉腰直径；d_1—炉喉直径；α—炉腹角；β—炉身角

5.2.1.2　高炉炉衬

以耐火材料砌筑的实体称为高炉炉衬。高炉炉衬的寿命决定高炉一代寿命的长短。由于高炉内不同部位发生不同的物理化学反应，因此高炉不同部位的炉衬所用的耐火材料是不同的。

高炉常用耐火材料主要有陶瓷质材料和炭质材料两大类。陶瓷质材料包括黏土砖、高铝砖、刚玉砖和不定形耐火材料等：炭质材料包括炭砖、石墨炭砖、石墨碳化硅砖、氮结合碳化硅砖等。

5.2.1.3　高炉冷却

高炉冷却设备是高炉炉体结构的重要组成部分，高炉冷却的目的是降低内衬的温度，延长砖衬的寿命，保持内衬的完整，从而维持合理的内型。

A　高炉冷却介质

高炉常用的冷却介质有：水、空气、气水混合物。最普遍的是用水，它的热容大，传热系数大，便于输送，成本低，是较理想的冷却介质。

B　高炉冷却设备

（1）外部喷水冷却装置。此法利用环形喷水管或其他形式通过炉壳冷却炉衬。一般在高炉炉役末期冷却器被烧坏或严重脱落时，为维持生产采用外部喷水冷却，我国小型高炉炉身和炉腹多采用喷水冷却。

（2）内部冷却装置。冷却器安装在炉壳与炉衬间或炉衬中，以增强砖衬的冷却效果。该元件结构因使用部位和目的不同而异。

1）插入式冷却器。插入式冷却器包括支梁式水箱、扁水箱和冷却板等形式，结构如图5-3、图5-4所示，均埋设在砖衬内。其优点是冷却深度大；缺点为点式冷却，炉役后期，炉衬工作面凹凸不平，不利炉料下降，此外在炉壳上开孔多，降低炉壳强度并给密封带来不利影响。

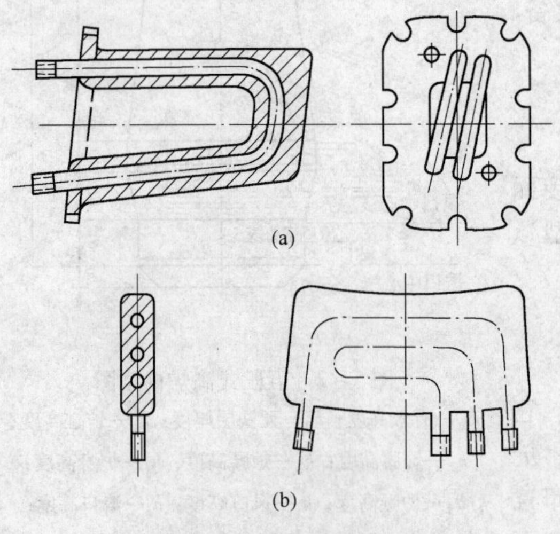

图5-3　冷却水箱

(a) 支梁式；(b) 扁水箱

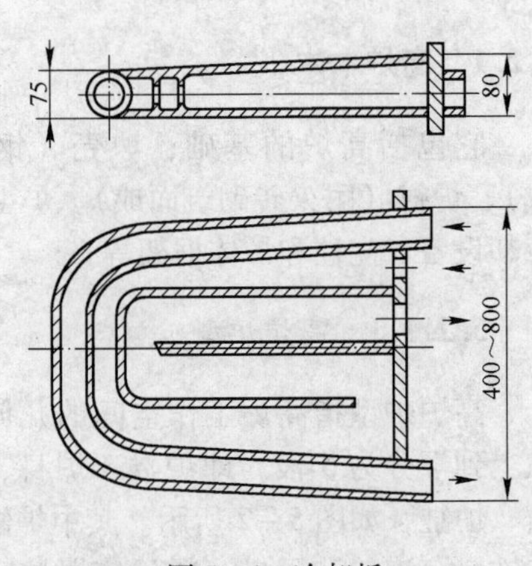

图5-4　冷却板

2）冷却壁。它是装在炉衬和炉壳之间的壁形冷却器，内部铸有无缝钢管，铸铁板用螺栓固定在炉壳上。冷却壁分为光面冷却壁和镶砖冷却壁两种形式，结构如图 5－5 所示。

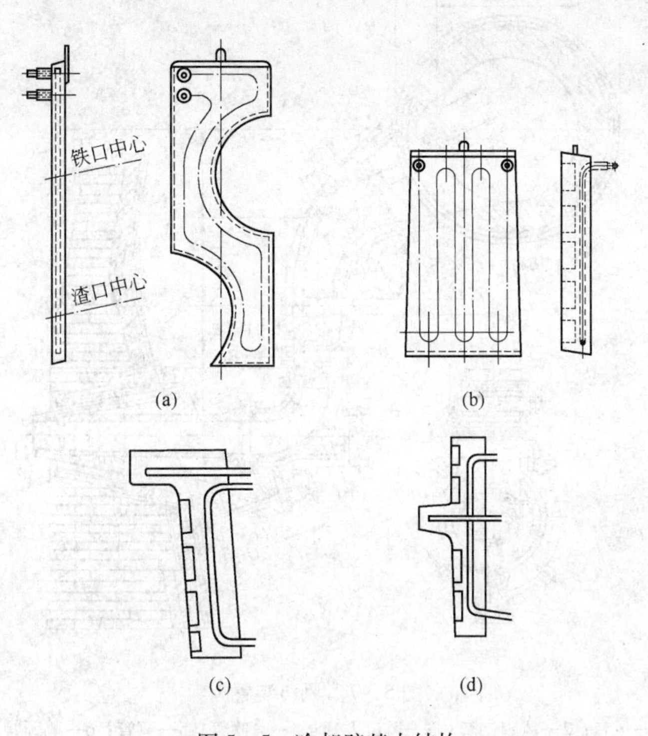

图 5－5 冷却壁基本结构

（a）渣铁口区光面冷却壁；（b）镶砖冷却壁；

（c）上部带凸台镶砖冷却壁；（d）中间带凸台镶砖冷却壁

光面冷却壁一般用在炉底、炉缸，镶砖冷却壁用在炉腹、炉腰及炉身的下部。镶砖冷却壁就是在冷却壁的内表面（高炉炉体内侧）的铸肋板内铸入或砌入耐火材料，耐火材料的材质一般为黏土砖、高铝砖、炭质或碳化硅质砖。镶砖冷却壁与光面冷却壁相比，更耐磨、耐冲刷、易黏结炉渣生成渣皮保护层，代替炉衬工作。

（3）炉底冷却。现代大型高炉使用的陶瓷杯炉底多采用风冷，全碳砖炉底多采用水冷，如图 5－6 所示。

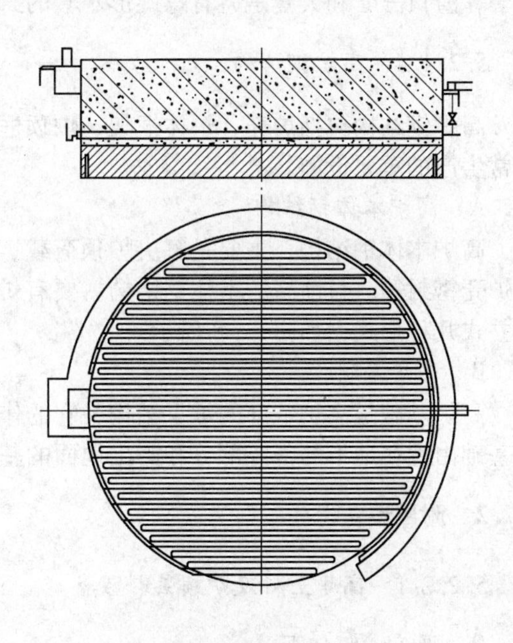

图 5－6 水冷炉底结构图

（4）风口冷却。风口一般由大、中、小三个水套组成，结构如图 5－7 所示。中小套常用紫铜铸成空腔式结构，大套一般用铸铁做成，内部铸有蛇形管。三个套都通水冷却。

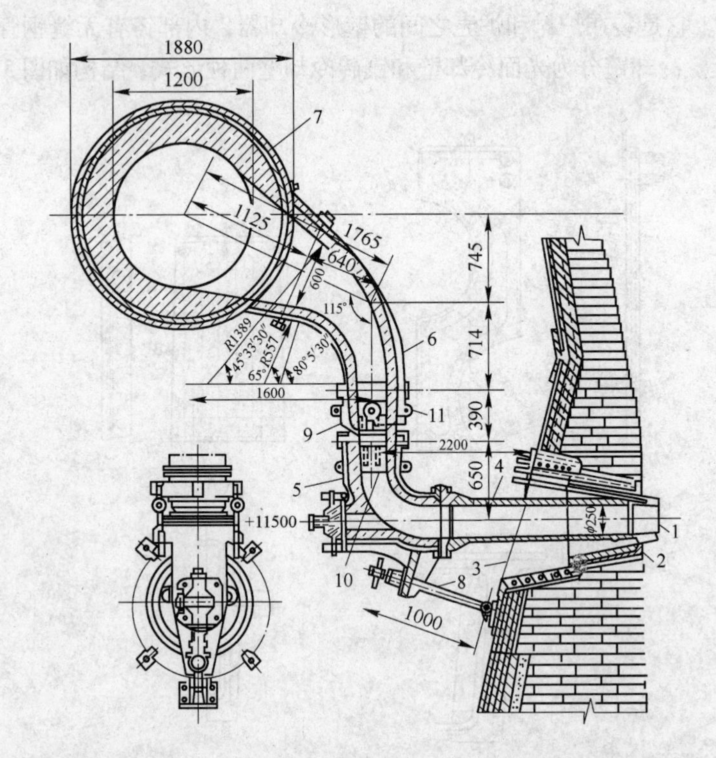

图 5－7　风口装置

1—风口；2—风口二套；3—风口大套；4—直吹管；5—弯管：6—鹅颈管；
7—热风围管；8—拉杆；9—吊环；10—销子；11—套环

（5）渣口冷却。渣口用青铜或紫铜铸成空腔式水套，渣口二套也是青铜铸成的中空水套，渣口三套和大套是铸有螺旋形水套的铸铁水冷套。

5.2.1.4　高炉钢结构

高炉钢结构包括炉壳、炉体框架、炉顶框架、平台和梯子等。高炉钢结构是保证高炉正常生产的重要设施。

A　高炉本体钢结构

高炉本体钢结构，主要是解决炉顶荷载、炉身荷载传递到炉基的方式方法，并且要解决炉壳密封等。目前高炉本体钢结构主要有炉缸支柱式、炉缸炉身支柱式、炉体框架式、自立式几种形式，如图 5－8 所示。

B　高炉基础

高炉基础是高炉下部的承重结构，它的作用是将高炉全部荷载均匀地传递到地基。高炉基础由埋在地下的基座部分和露出地面的基墩部分组成，如图 5－9 所示。

5.2.2　附属设备

5.2.2.1　高炉上料及炉顶装料设备

A　高炉上料设备

上料机主要有料车式和皮带机上料两种方式。近年来随着高炉大型化的发展，料车式

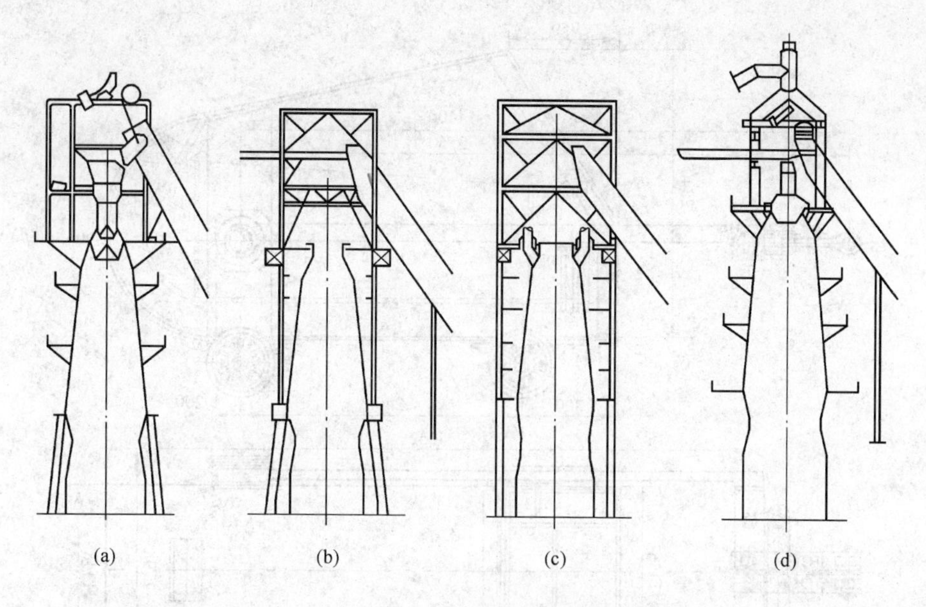

图5-8　高炉本体钢结构

（a）炉缸支柱式；（b）炉缸炉身支柱式；（c）炉体框架式；（d）自立式

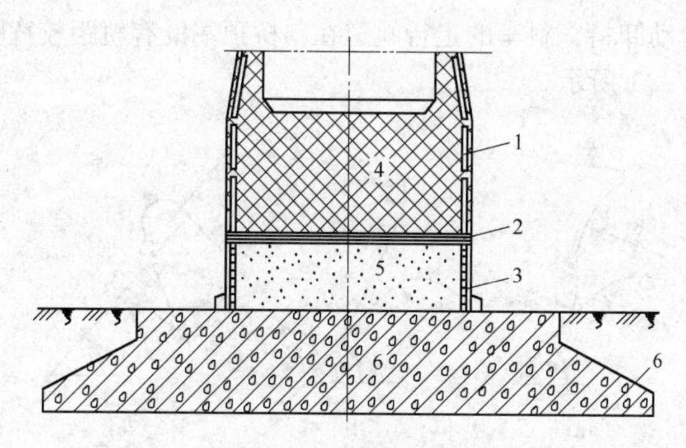

图5-9　高炉基础

1—冷却壁；2—水冷管；3—耐火砖；4—炉底砖；

5—耐热混凝土基墩；6—钢筋混凝土基座

上料机也不能满足高炉要求，只有中小型高炉仍然采用。新建的大型高炉，多采用皮带机上料方式。

料车式上料机一般由三部分组成：料车、斜桥和卷扬机。

（1）料车。一般每座高炉两个料车，互相平衡。料车容积大小则随高炉容积的增大而增大。

料车的构造如图5-10所示。它由车体、车轮、辕架三部分组成。

（2）斜桥。斜桥大都采用桁架结构，设两个支点，下端支撑在料车坑的墙壁上，上端支撑在从地面单设的门型架子。有的把上支点放在炉顶框架上或炉体大框架上。

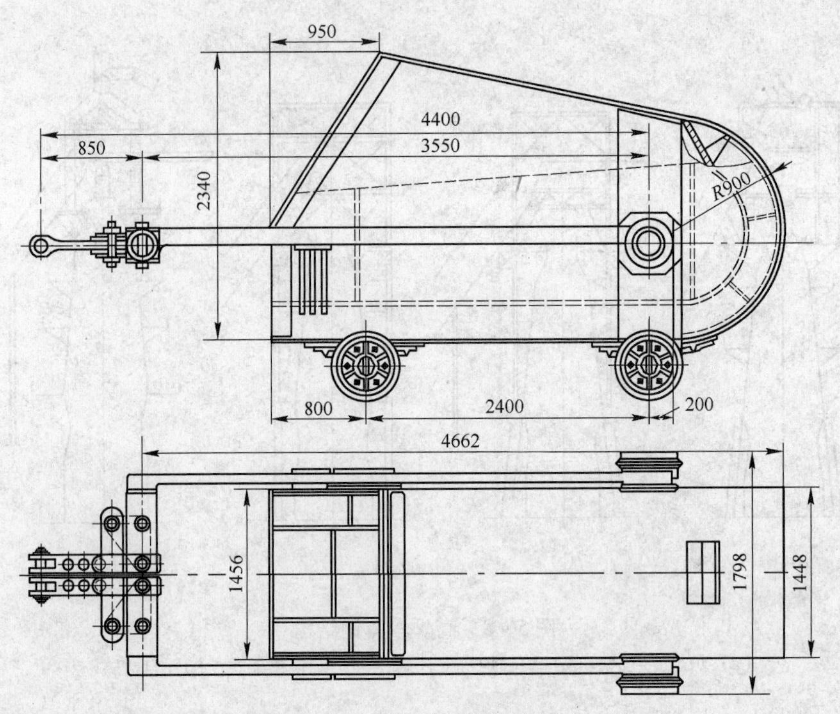

图 5－10　$9m^3$ 料车结构示意图

为了使料车能自动卸料，料车的走行轨道在斜桥顶端设有轨距较宽的分歧轨，常用的卸料曲轨形式如图 5－11 所示。

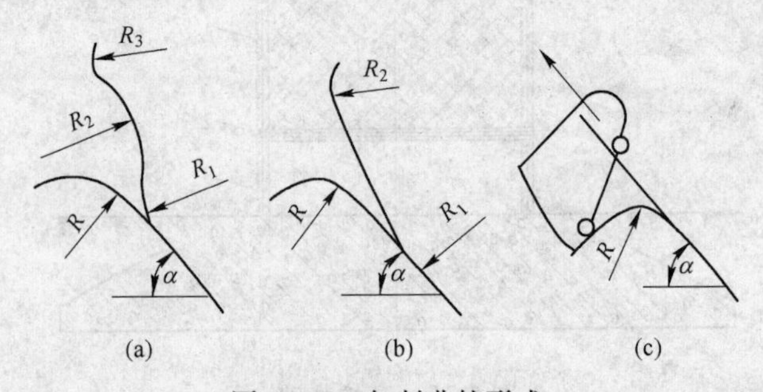

图 5－11　卸料曲轨形式

（3）卷扬机。卷扬机是牵引料车在斜桥上行走的设备。在高炉设备中是仅次于鼓风机的关键设备。

料车卷扬机系统，主要由驱动电机、减速箱、卷筒、钢绳、安全装置及控制系统等组成。图 5－12 为用于 $1513m^3$ 高炉的标准型料车卷扬机示意图。

带式上料机

随着高炉的大型化，料车上料已满足不了生产需要，采用皮带上料。图 5－13 为带式上料机示意图。

B　炉顶装料设备

高炉炉顶装料设备的作用是将上料系统运来的炉料装入高炉并使之合理分布，同时起炉顶密封作用的设备。目前国内使用最多的炉顶设备是双钟式炉顶和无料钟炉顶。

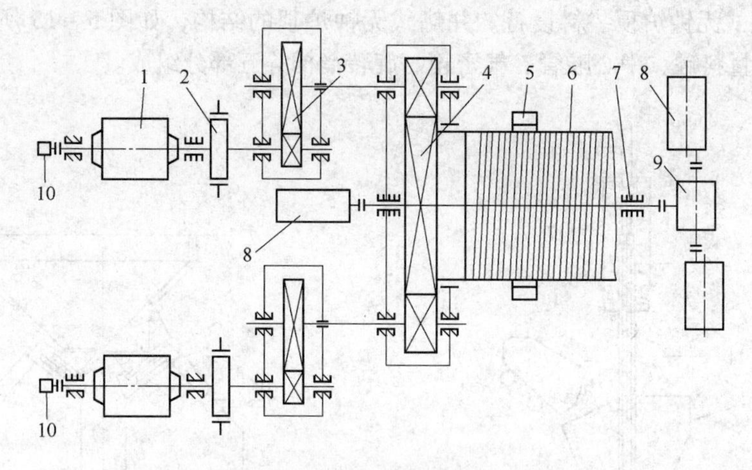

图5-12　料车卷扬机结构简图

1—电动机；2—工作制动器；3—减速器；4—齿轮传动；5—钢绳松弛断电器；6—卷筒；7—轴承座；8—行程断电器；9—水银离心断电器；10—测速发电机

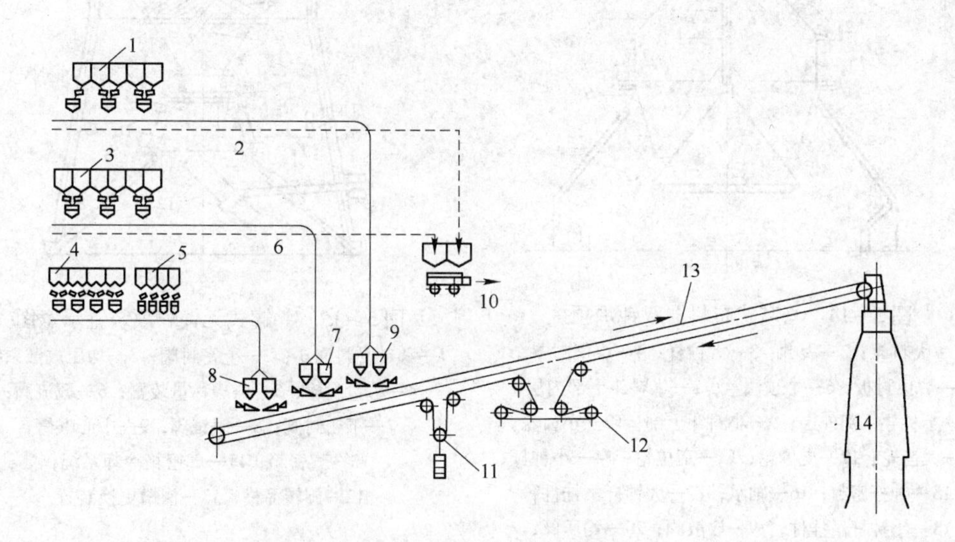

图5-13　带式上料机示意图

1—焦炭料仓；2—碎焦；3—烧结矿料仓；4—矿石料仓；5—辅助原料仓；6—筛下的烧结矿；7—烧结矿集中斗；8—矿石及辅助原料集中斗；9—焦炭集中斗；10—运走；11—张紧装置；12—传动装置；13—带式上料机；14—高炉中心线

a　钟式炉顶装料设备

马基式布料器双钟炉顶是钟式炉顶装料设备的典型代表，如图5-14所示。由布料器、装料器、装料设备的操纵装置等组成。

b　无钟炉顶装料设备

随着高炉炉容的增大，大钟体积越来越庞大，重量也相应增大，难以制造、运输、安装和维修，寿命短。20世纪70年代初，兴起了无钟炉顶，用一个旋转溜槽和两个密封料斗，代替了原来庞大的大小钟等一整套装置，是炉顶设备的一次革命。

无钟炉顶装料设备从结构上，可划分为两种，并罐式结构和串罐式结构。

（1）并罐式无钟炉顶装料设备。并罐式无钟炉顶的结构，如图 5 - 15 所示。主要由受料漏斗、称量料罐、中心喉管、气密箱、旋转溜槽等五部分组成。

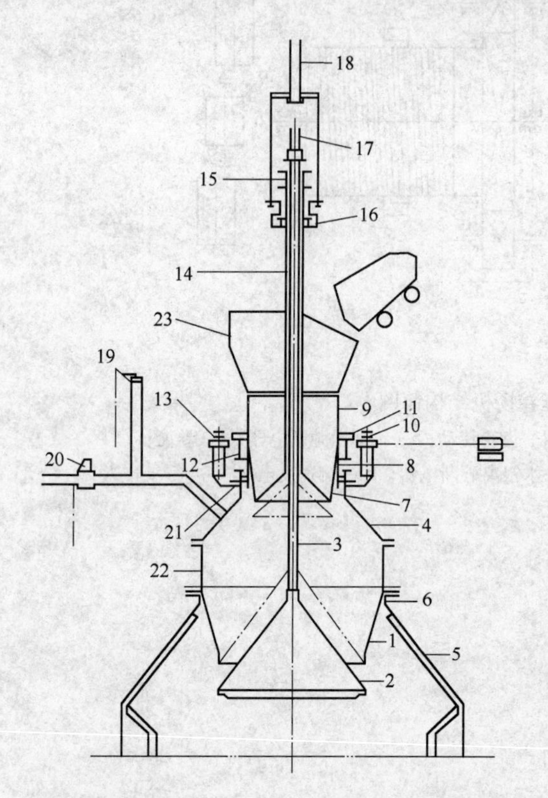

图 5 - 14　马基式布料器双钟炉顶

1—大料斗；2—大钟；3—大钟杆；4—煤气封罩；5—炉顶封板；6—炉顶法兰；7—小料斗下部内层；8—小料斗下部外层；9—小料斗上部；10—小齿轮；11—大齿轮；12—支撑轮；13—定位轮；14—小钟杆；15—钟杆密封；16—轴承；17—大钟杆吊挂件；18—小钟杆吊挂件；19—放散阀；20—均压阀；21—小钟密封；22—大料斗上节；23—受料漏斗

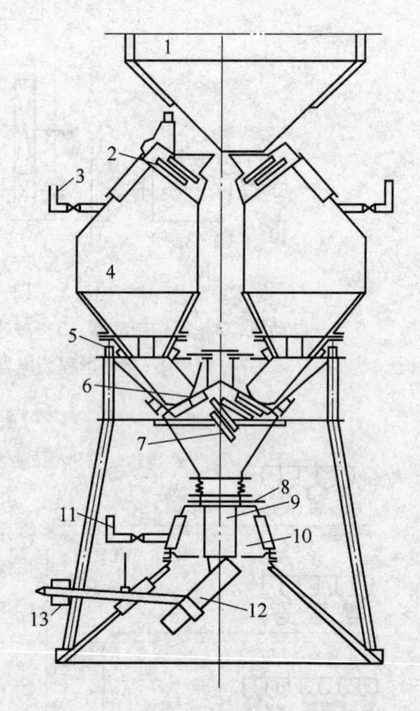

图 5 - 15　并罐式无钟炉顶装置示意图

1—移动受料漏斗；2—上密封阀；3—均压放散系统；4—称量料罐；5—料罐称量装置；6—截流阀；7—下密封阀；8—眼镜阀；9—中心喉管；10—气密箱；11—气密箱冷却系统；12—旋转溜槽；13—溜槽更换装置

无钟炉顶装料过程的操作程序是：当称量料罐需要装料时，受料漏斗移到该称量料罐上面，打开称量料罐的放散阀放散，然后再打开上密封阀，炉料装入称量料罐后，关闭上密封阀和放散阀。为了减小下密封阀的压力差，打开均压阀，使称量料罐内充入均压净煤气。当探尺发出装料入炉的信号时，打开下密封阀，同时给旋转溜槽信号，当旋转溜槽转到预定布料的位置时，打开截流阀，炉料按预定的布料方式向炉内布料。节流阀开度的大小不同可获得不同的料流速度，一般是卸球团矿时开度小，卸烧结矿时开度大些，卸焦炭时开度最大。当称量料罐发出“料空”信号时，先完全打开截流阀，然后再关闭，以防止卡料，尔后再关闭下密封阀，同时当旋转溜槽转到停机位置时停止旋转，如此反复。

（2）串罐式无钟炉顶装料设备。串罐式无钟炉顶也称中心排料式无钟炉顶，其结构如图 5 - 16 所示。

C 均压装置

现代大中型高炉都实行高压操作，为顺利开启料钟，应设置均压装置。所谓煤气均压装置，就是对均压室（钟间或钟阀间）进行充压或泄压的机械设备。

钟式炉顶均压装置的布置如图 5－17 所示。在煤气封盖上开两个均压孔，每个孔的引出管又分成一个均压用的煤气引入管，它来自于半净煤气管，在它的上面有均压阀，另外一个是排压用的煤气导出管，它一直引到炉顶上端，出口处由放散阀排压。

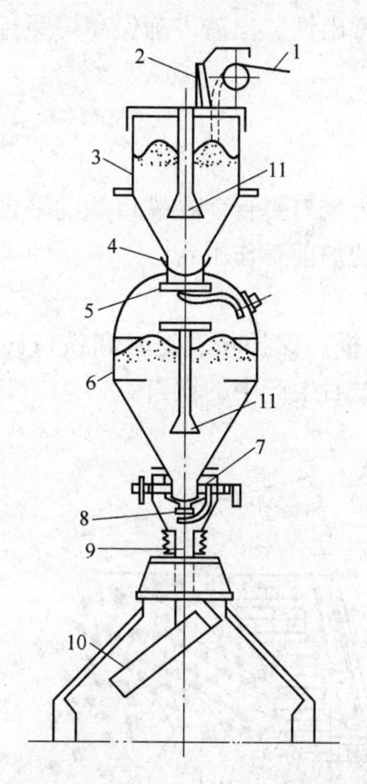

图 5－16 串罐式无钟炉顶装置示意图

1—上料皮带机；2—挡板；3—受料漏斗；4—上闸阀；5—上密封阀；6—称量料罐；7—下截流阀；8—下密封阀；9—中心喉管；10—旋转溜槽；11—中心导料器

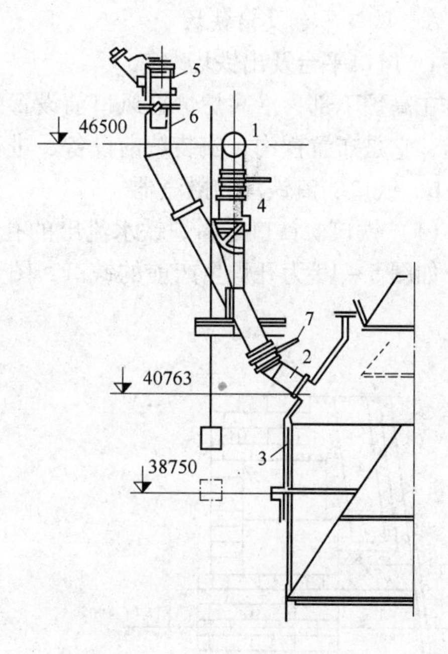

图 5－17 均压阀的配置图

1—送半净煤气到大钟均压阀的煤气管；2—管道接头；3—装料器；4—大钟均压阀；5—小钟均压阀；6—把煤气放到大气去的垂直管；7—闸板阀

D 探料装置

探料装置的作用是准确探测料面下降情况，以便及时上料。目前使用最广泛的是机械传动的探料尺、微波式料面计和激光式料面计。

a 探料尺

一般小型高炉常使用长 3～4m、直径 25mm 的圆钢，中型和高压操作的高炉多采用自动化的链条式探尺，它是链条下端挂重锤的挠性探尺，如图 5－18 所示。每座高炉设有两个探料尺，互成 180°。

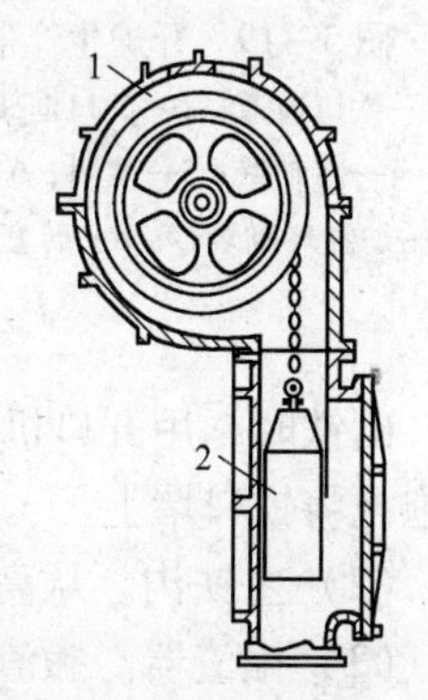

图 5－18 链条探料尺

1—链条的卷筒；2—重锤

b 微波式料面计

微波料面分调幅和调频两种。调幅式微波料面计是根据发射信号与接收信号的相位差来决定料面的位置，调频式微波料面计是根据发射信号与接收信号的频率差来测定料面的位置。

c　激光料面计

激光料面计是利用光学三角法测量原理设计的。

5.2.2.2　渣铁处理设备

及时合理地处理好生铁和炉渣是保证高炉按时正常出铁、出渣，确保高炉顺行、实现高产、优质、低耗和改善环境的重要手段。

A　风口平台及出铁场

a　风口平台及出铁场

在高炉下部，沿高炉炉缸风口前设置的工作平台为风口平台。在铁口侧的平台称为出铁场，它是布置铁沟、安装炉前设备、进行出铁操作的炉前工作平台。

b　铁口、渣铁沟和撇渣器

(1) 铁口。铁口是高炉铁水流出的孔道，由铁口框、保护板、泥套和铁口砖通道组成，如图 5－19 为开炉生产前的铁口，图 5－20 为开炉后生产中的铁口。

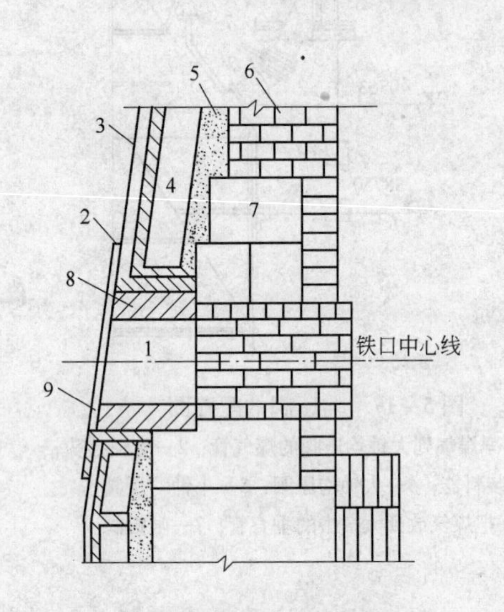

图 5－19　开炉生产前的铁口

1—铁口通道；2—铁口框架；3—炉壳；4—冷却壁；5—填料；6—炉墙砖；7—炉缸环砌炭砖；8—砖套；9—保护板

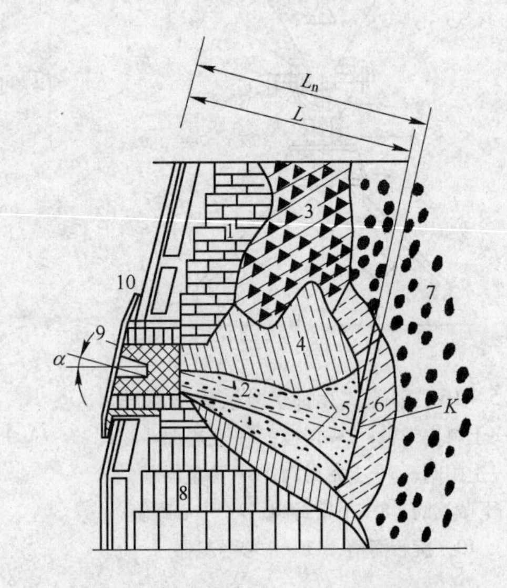

图 5－20　开炉后生产中的铁口状况

L_n—铁口的全深；L—铁臣深度；K—红点（硬壳）；α—铁口角度

1—残存的炉墙砌砖；2—铁口孔道；3—炉墙渣皮；4—旧堵泥；5—出铁时泥包被渣、铁侵蚀的变化；6—新堵泥；7—炉缸焦炭；8—残存的炉底砌砖；9—铁口泥套；10—铁口框架

出铁时，用开口机将铁口孔道内的炮泥钻开一个圆孔，使铁水流出，渣铁出完后，打入炮泥将铁口堵上。

(2) 主铁沟。从高炉出铁口到撇渣器之间的一段铁沟叫主铁沟。

(3) 撇渣器。撇渣器又称渣铁分离器、砂口或小坑，如图 5－21 所示。它是利用渣铁的密度不同，用挡渣板把下渣挡住，只让铁水从下面穿过，达到渣铁分离的目的。

(4) 支铁沟和渣沟。支铁沟的结构与主铁沟相同。渣沟的结构是在 80mm 厚的铸铁槽内捣一层垫沟料，铺上河沙即可。

c　摆动溜嘴

摆动溜嘴安装在出铁场下面，其作用是把经铁水沟流来的铁水注入出铁场平台下的任意一个铁水罐中。摆动溜嘴由驱动装置、摆动溜嘴本体及支座组成，如图 5－22 所示。

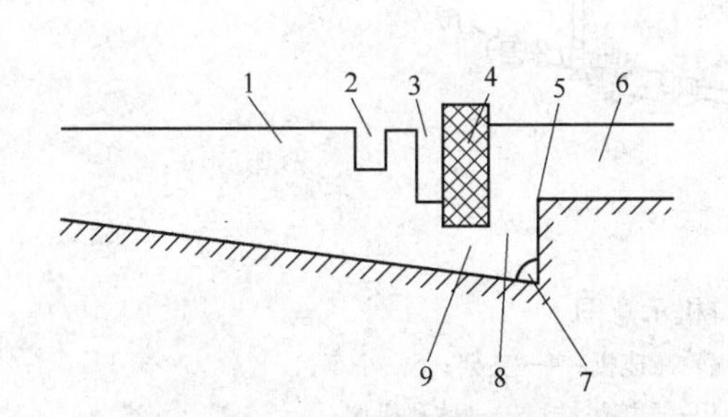

图 5－21　撇渣器示意图

1—主铁沟；2—下渣沟砂坝；3—残渣沟砂坝；4—挡渣板；5—沟头；6—支铁沟；7—残铁孔；8—小井；9—砂口眼

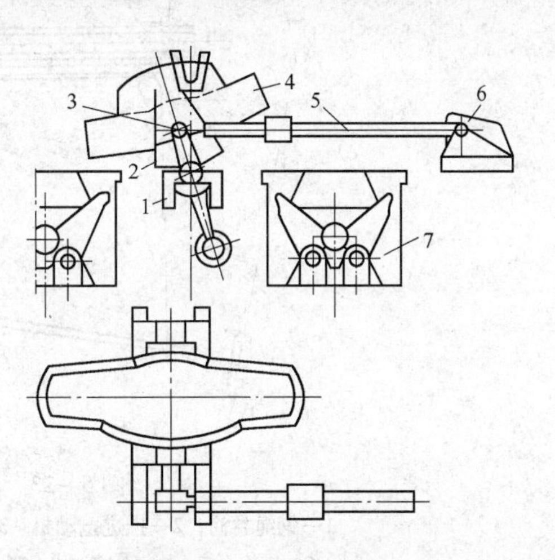

图 5－22　摆动溜嘴

1—支架；2—摇台；3—摇臂；4—摆动溜嘴；5—曲柄连杆传动装置；6—驱动装置；7—铁水罐车

B　炉前设备

炉前设备主要有开铁口机、堵铁口泥炮、堵渣机、炉前吊车、换风口机等。

a　开铁口机

开铁口机就是高炉出铁时打开铁口的设备。开铁口机按其动作原理分为钻孔式和冲钻式两种。

(1) 钻孔式开铁口机。钻孔式开铁口机构造如图 5－23 所示，主要由回转机构，推进机构和钻孔机构三部分组成。

钻孔式开铁口机的工作原理是：由于其钻杆和钻头是空心的，钻杆一边旋转一边吹风，这是利用压缩空气在冷却钻头的同时，把钻铁口时削下来的粉尘吹出铁口孔道外，当吹屑中开始带铁花时，说明已经钻到红点，此时应退钻再用捅铁口钢钎或圆钢棍捅开最后的铁口，以免铁水烧坏钻头。

(2) 冲钻式开铁口机。冲钻式开铁口机由起吊机构、转臂机构和开口机构组成。开口机构中钻头以冲击运动为主，同时通过旋转机构使钻头产生旋转运动，即钻头既可以进行冲击运动又可以进行旋转运动。图 5－24 为冲钻式双用开口机示意图。

b　堵铁口泥炮

堵铁口泥炮的作用是在出完铁后，用来堵铁口的专用设备。泥炮按驱动方式分为汽动泥炮、电动泥炮和液压泥炮三种。现代大型高炉多采用液压矮泥炮。

液压泥炮由液压驱动。转炮用液压马达，压炮和打泥用液压缸，它的特点是体积小、结构紧凑、传动平稳、工作稳定、活塞推力大，能适应现代高炉高压操作的要求。

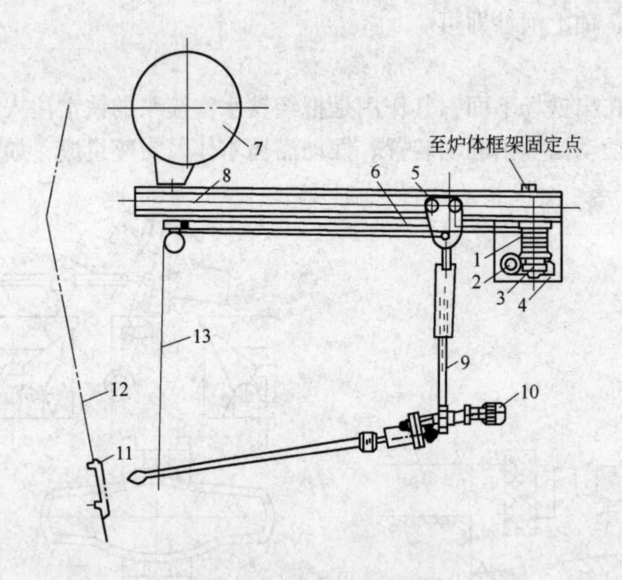

图5-23 开口机示意图

1—钢绳卷筒；2—推进电动机；3—蜗轮减速机；4—支架；5—小车；
6—钢绳；7—热风围管；8—滑轮；9—连接吊挂；10—钻孔机构；
11—铁口框；12—炉壳；13—自动抬钻钢绳

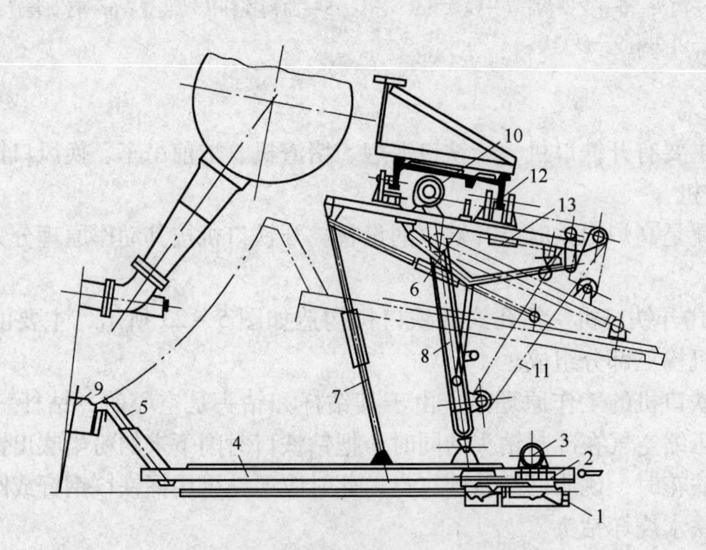

图5-24 冲钻式双用开口机

1—钻孔机构；2—送进小车；3—风动马达；
4—轨道；5—锚钩；6—压紧气缸；7—调节蜗杆；
8—吊杆；9—环套；10—升降卷扬机；11—钢绳；
12—移动小车；13—安全钩气缸

宝钢1号高炉采用的是MHG60型液压矮泥炮，如图5-25所示。

c 堵渣口机

堵渣口机是用来堵塞渣口的设备。目前高炉普遍采用液压驱动的折叠式堵渣机，结构

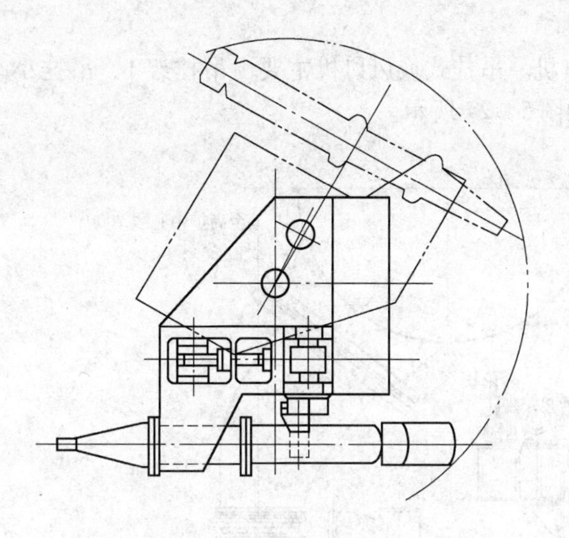

图 5－25 MHG60 型液压矮泥炮

如图 5－26 所示。打开渣口时，液压缸活塞向下移动，推动刚性杆 GFA 绕 F 点转动，将堵渣杆 3 抬起。在连杆 2 未接触滚轮 5 时，连杆 4 绕铰接点 D（DEH 杆为刚性杆，此时 D 点受弹簧的作用不动）转动。当连杆 2 接触滚轮 5 后就带动连杆 4 和 DEH 一起绕 E 点转动，直到把堵渣杆抬到水平位置。DEH 杆转动时弹簧 6 受倒压缩。堵渣杆抬起最高位置离渣口中心线可达 2m 以上。堵出渣口时，液压缸活塞向上移动，堵渣杆得到与上述相反的运动。迅速将渣口堵塞。

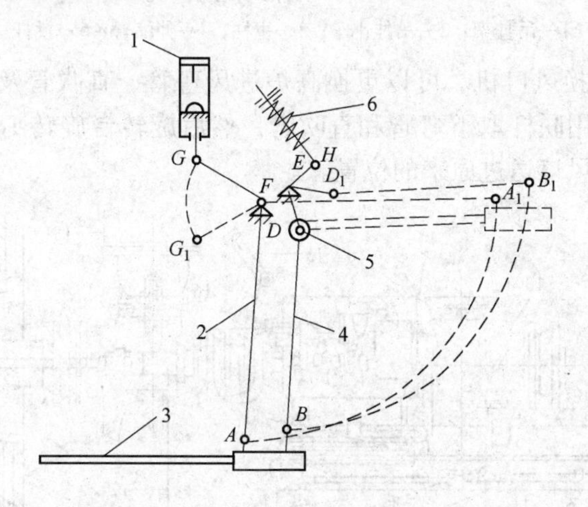

图 5－26 折叠式堵渣机

1—摆动油缸；2，4—连杆；3—堵渣杆；5—滚轮；6—弹簧

d 炉前吊车

炉前吊车主要用于吊运炉前的各种材料，清理渣铁沟，更换主铁沟、撇渣器和检修炉前设备等。炉前吊车一般为桥式吊车，其走行轨道设置在出铁场厂房两侧支柱上。

e 换风口机

目前，使用换风口机的高炉日渐增多，种类也多，按其结构大致可分为吊车式和地上行走式两类。

（1）吊挂式换风口机。吊挂式换风口机主要由吊挂架 1、吊挂小车 2、主柱 3、伸缩臂 4 和挑杆 5 组成，如图 5－27 所示。

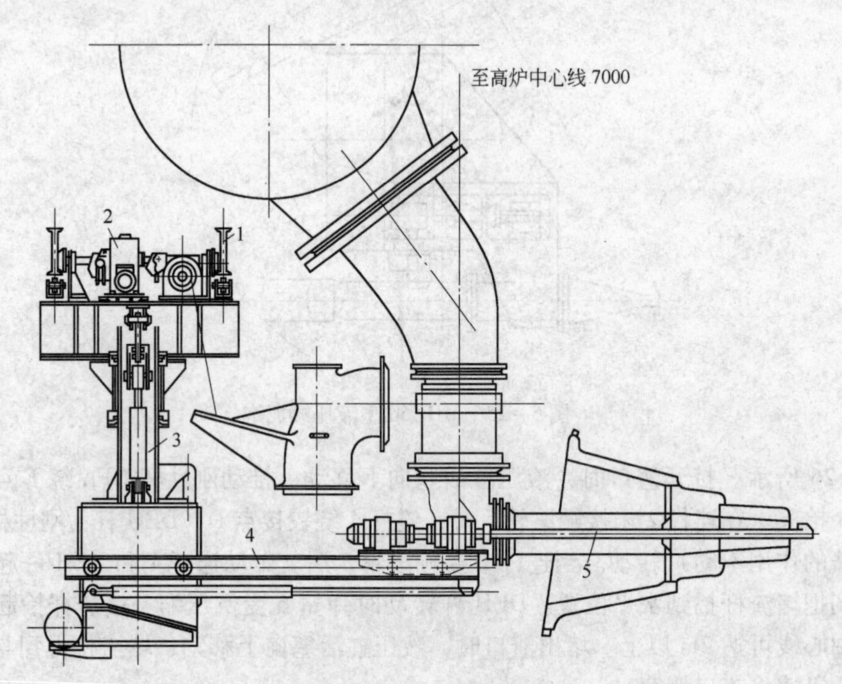

图 5－27　吊挂式换风口机

1—吊挂架；2—吊挂小车；3—主柱；4—伸缩臂；5—挑杆

（2）炉台走行式换风口机。可以更换高炉进风弯管、直吹管及风口，如图 5－28 所示。它的作业顺序是用联杆取下弯管和直吹管，然后旋转台旋转 180°，将被换的风口用钩子勾出来，再将新风口送进原来的位置。

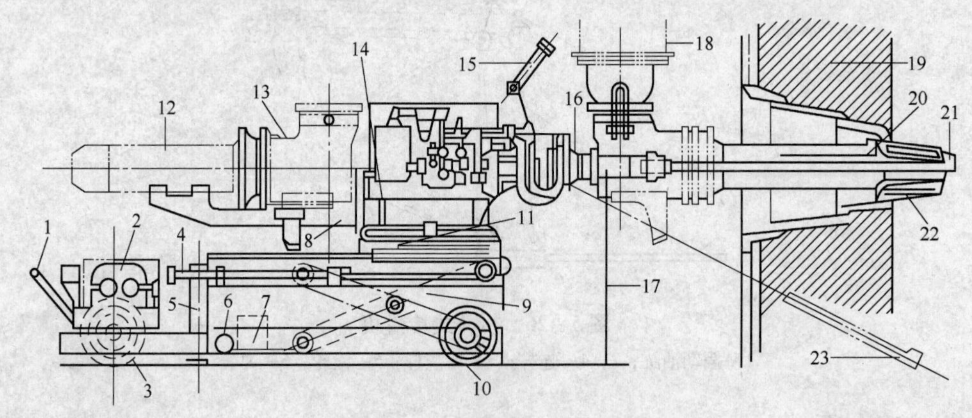

图 5－28　走行式换风口机

1—操作柄；2—驱动机构；3—驱动轮；4—前后移动油缸；5—液压千斤顶；6—液压泵；7—油箱；8—联杆；9—前后行程；10—车轮；11—左右移动油缸；12—直吹管；13—进风弯管；14—旋转台；15—倾斜油缸；16—空气锤气缸；17—旋转台提升高度；18—进风支管；19—高炉内衬；20—安装时钩子位置；21—更换时钩子位置；22—风口；23—取新风口时钩子位置

C　铁水处理设备

高炉生产的铁水主要是供给炼钢，常用的为铁水罐车。

铁水罐车是用普通机车牵引的特殊的铁路车辆，由车架和铁水罐组成，铁水罐通过本身的两对枢轴支撑在车架上。另外还设有被吊车吊起的枢轴，供铸铁时翻罐用的双耳和小轴。铁水罐由钢板焊成，罐内砌有耐火砖衬，并在砖衬与罐壳之间填以石棉绝热板。

铁水罐车有两种类型：上部敞开式和混铁炉式，如图5－29所示。图5－29（a）为上部敞开式铁水罐车，这种铁水罐散热量大，但修理铁水罐比较容易。图5－29（b）为混铁炉式铁水罐车，又称鱼雷罐车，它的上部开口小，散热量也小，有的上部可以加盖，但修理罐较困难。

由于混铁炉式铁水罐车容量较大，可达到200～600t，大型高炉上多使用混铁炉式铁水罐车。炉容不同，所用铁水罐车也不同。

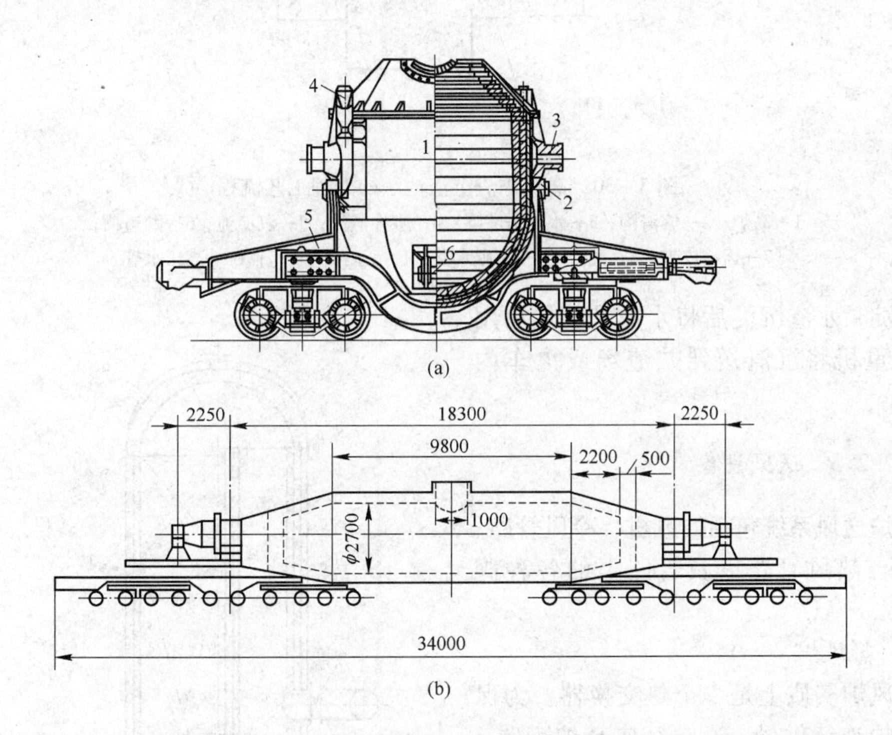

图5－29　铁水罐车

（a）上部敞开式铁水罐车；（b）420t混铁炉式铁水罐车

1—锥形铁水罐；2—枢轴；3—耳轴；4—支撑凸爪；5—底盘；6—小轴

D　炉渣处理设备

高炉炉渣可以作为水泥原料、隔热材料以及其他建筑材料等。目前，国内高炉普遍采用水冲渣处理方法。

水淬渣按过滤方式的不同可分为沉渣池法、底滤法、拉萨法和图拉法水淬渣等。

沉渣池法是一种传统的渣处理工艺，在我国大中型高炉上已普遍采用。沉渣池法的处理工艺流程如图5－30所示。

高炉熔渣流进熔渣沟后，经冲渣喷嘴的高压水水淬成水渣，经过水渣沟流进沉渣池内

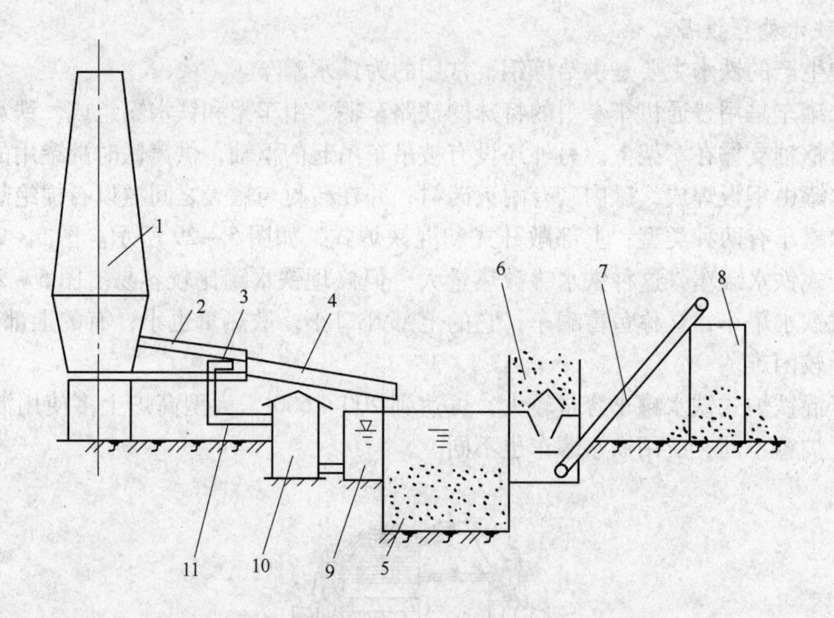

图5-30 高炉炉渣沉渣池法的处理工艺流程

1—高炉；2—熔渣沟；3—水冲渣喷嘴；4—水冲渣沟；5—沉淀池；6—贮渣槽；7—运输皮带；8—贮渣场；9—吸水井；10—水冲渣泵房；11—高压水管

进行沉淀，水渣沉淀后将水放掉，然后用抓斗起重机将沉渣送到贮渣场或火车内送走。

5.2.2.3 送风设备

高炉送风系统包括鼓风机、冷风管路、热风炉、热风管路以及管路上的各种阀门等。

A 热风炉

热风炉实质上是一个热交换器。为保证向高炉连续供风，通常每座高炉配置3座或4座热风炉。根据燃烧室和蓄热室布置形式的不同，热风炉分为3种基本结构形式，即内燃式热风炉（传统型和改进型）、外燃式热风炉和顶燃式热风炉，结构如图5-31~图5-33所示。

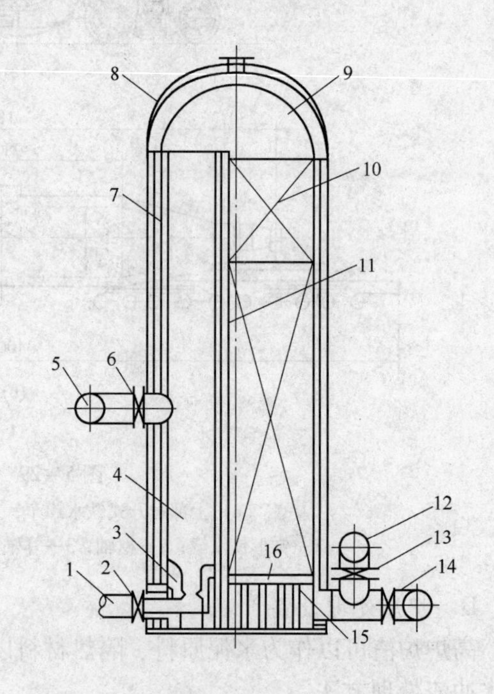

图5-31 内燃式热风炉

1—煤气管道；2—煤气阀；3—燃烧器；4—燃烧室；5—热风管道；6—热风阀；7—大墙；8—炉壳；9—炉顶；10—蓄热室；11—隔墙；12—冷风管道；13—冷风阀；14—烟道阀；15—支柱；16—炉箅子

热风炉基本结构由燃烧室、蓄热室、炉壳、炉箅子、支柱、管道及阀门等组成。其基本原理是煤气和空气由管道经阀门送入燃烧器并在燃烧室内燃烧，燃烧的热烟气向上运动经过拱顶时改变方向，再向下

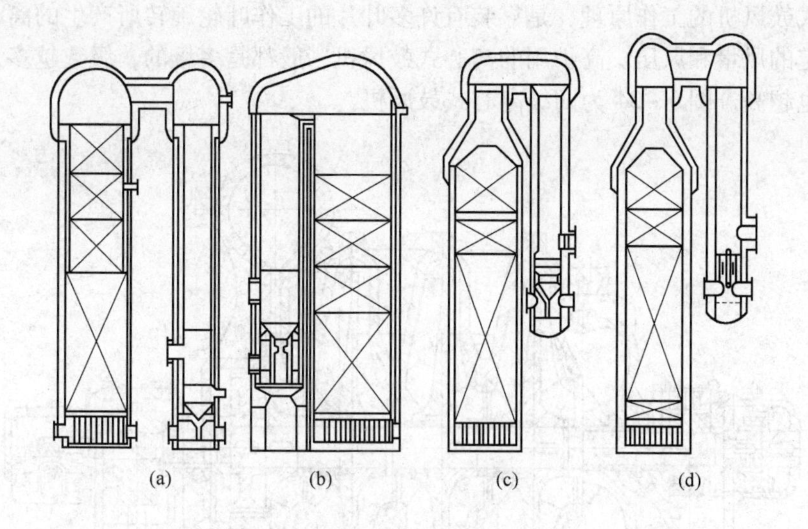

图 5－32　外燃式热风炉结构示意图

（a）拷贝式；（b）地得式；（c）马琴式；（d）新日铁式

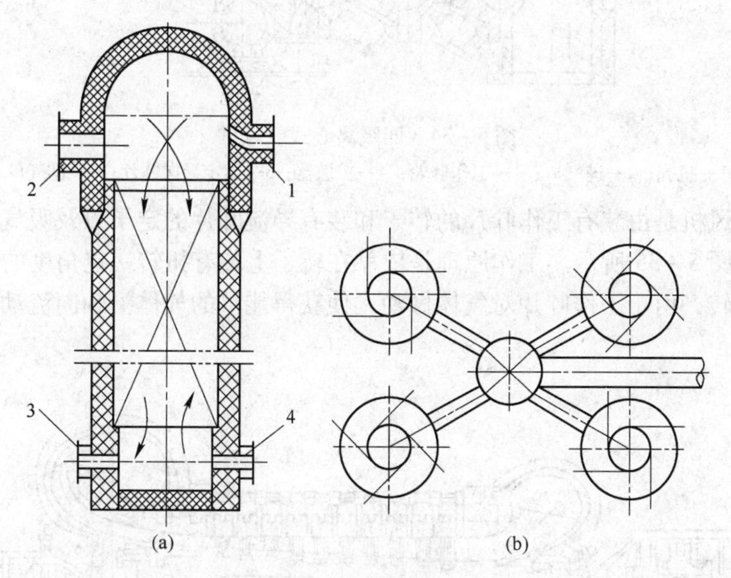

图 5－33　顶燃式热风炉

（a）结构示意图；（b）平面布置图

1—燃烧器；2—热风出口；3—烟气出口；4—冷风入口

穿过蓄热室，然后进入烟道，经烟囱排入大气。在热烟气穿过蓄热室时，将蓄热室内的格子砖加热。格子砖被加热并蓄存一定热量后，热风炉停止燃烧，转入送风。送风时冷风从下部冷风管道经冷风阀进入蓄热室，通过格子砖时被加热，经拱顶进入燃烧室，再经热风出口、热风阀、热风总管送至高炉。

B　鼓风机

鼓风机是用来提供燃料燃烧所必需氧气的设备，常用的高炉鼓风机有离心式和轴流式两种。

离心式鼓风机的工作原理，是靠装有许多叶片的工作叶轮旋转所产生的离心力，使空气达到一定的风量和风压。高炉用的离心式鼓风机一般都是多级的，级数越多，鼓风机的出口风压也越高。图5-34为四级离心式鼓风机。

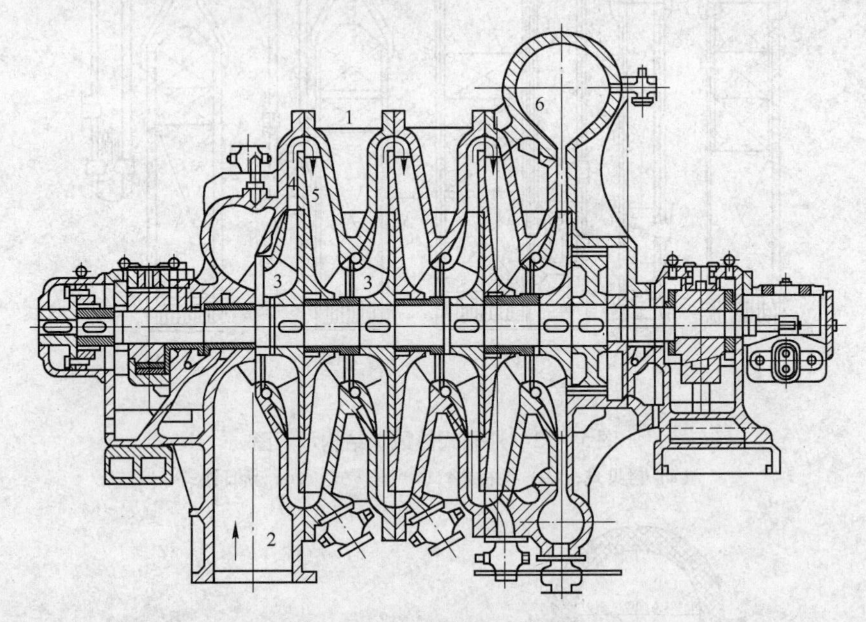

图5-34　四级离心式鼓风机

1—机壳；2—进气口；3—工作叶轮；4—扩散器；5—固定导向叶片；6—排气口

轴流式鼓风机是由装有工作叶片的转子和装有导流叶片的定子以及吸气口、排气口组成，其结构如图5-35所示。工作原理是依靠在转子上装有扭转一定角度的工作叶片随转子一起高速旋转，由于工作叶片对气体做功，使获得能量的气体沿轴向流动，达到一定的风量和风压。

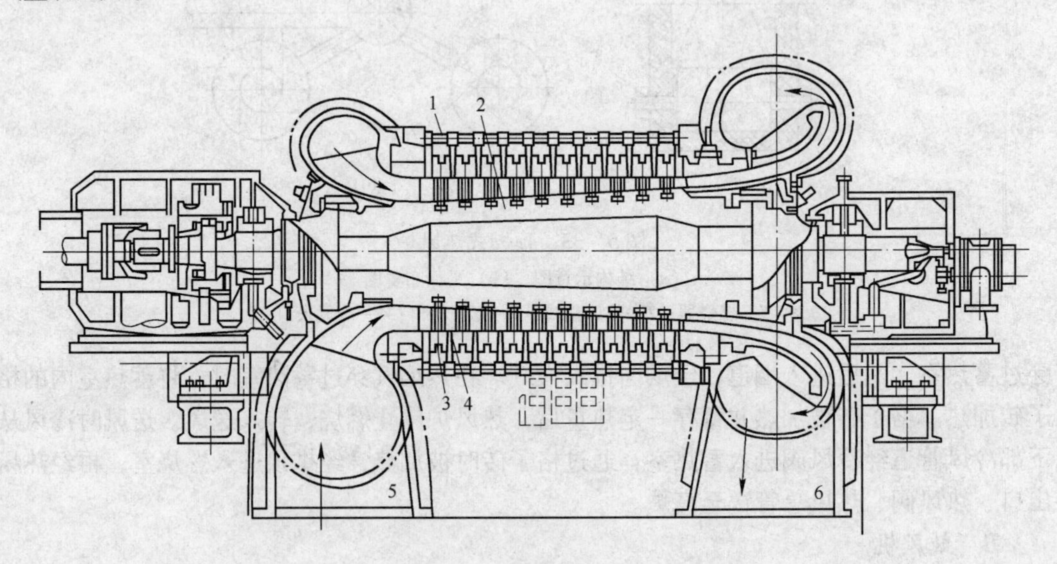

图5-35　轴流式鼓风机

1—机壳；2—转子；3—工作叶片；4—导流叶片；5—吸气口；6—排气口

C 热风炉附属设备

a 燃烧器

热风炉燃烧是通过燃烧器把煤气与空气混合送到燃烧室燃烧的。

燃烧器可分为两类：即金属燃烧器和陶瓷燃烧器。近年来国内外新建的热风炉普遍采用了陶瓷燃烧器。图 5－36、图 5－37 为常用的陶瓷燃烧器。

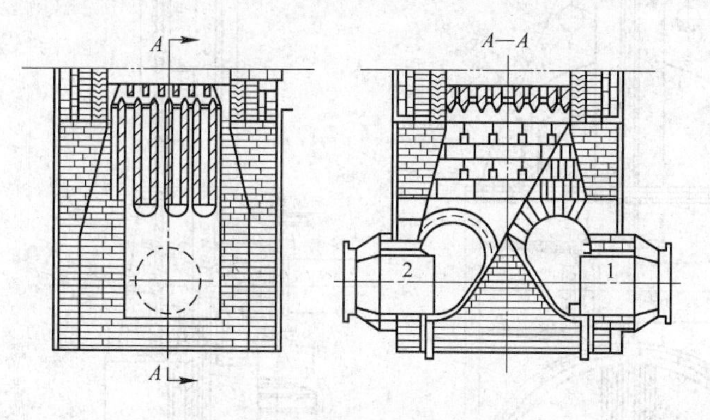

图 5－36 格栅式陶瓷燃烧器

1—煤气进口；2—助燃空气

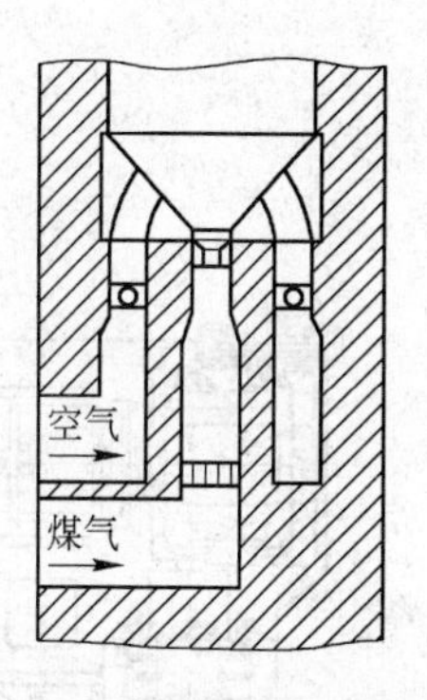

图 5－37 套筒式陶瓷燃烧器

b 热风炉的管道与阀类

热风系统设有冷风总管和支管、热风总管和支管、热风围管、混风管、倒流休风管、净煤气主管和支管、助燃空气主管和支管。

热风炉系统的阀门按工作原理可分为三种基本形式：闸式阀、盘式阀、蝶式阀。阀门按用途可分为燃烧系统的阀门和送风系统的阀门。属于燃烧系统的有煤气调节阀、煤气切断阀、烟道阀；属于送风系统的有放风阀、热风阀、冷风阀、湿风阀、废气（风）阀，冷风阀结构如图 5－38 所示。

5.2.2.4 煤气净化设备

煤气净化的目的为将煤气含尘量降低到 5～10mg/m^{3}以下，温度低于 40℃，除尘设备分为湿法除尘和干法除尘两种。常见的煤气除尘系统装置，如图 5－39～图 5－44 所示。

A 煤气除尘设备及原理

a 粗除尘设备

粗除尘设备包括重力除尘器和旋风除尘器。高压操作的高炉一般不用旋风除尘器。

重力除尘器是高炉煤气除尘系统中应用最广泛的一种除尘设备，其基本结构如图 5－45所示，其除尘原理是煤气经中心导入管后，由于气流突然转向，流速突然降低，煤气中的灰尘颗粒在惯性力和重力的作用下沉降到除尘器的底部。

除尘器内的灰尘颗粒干燥而且细小，排灰时极易飞扬，严重影响劳动条件并污染周围环境，目前多采用螺旋清灰器排灰，改善了清灰条件。螺旋清灰器的构造，如图 5－46 所示。

b 半精细除尘设备

半精细除尘设备设在粗除尘设备之后，主要有洗涤塔和溢流文氏管。

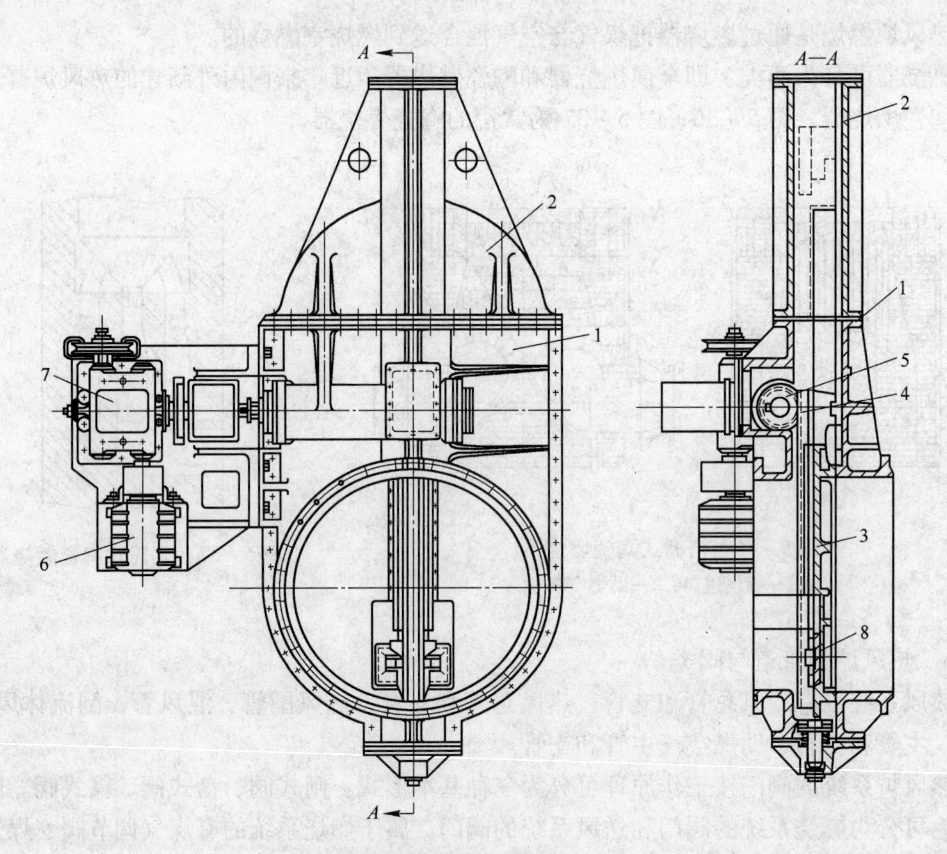

图 5-38　冷风阀

1—阀盖；2—阀壳；3—小齿轮；4—齿条；5—主闸板；
6—小通风闸板；7—差动减速器；8—电动机

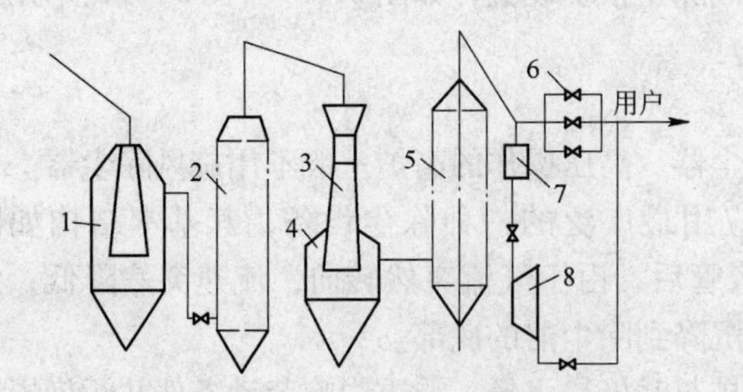

图 5-39　塔文和电除尘器系统

1—重力除尘器；2—洗涤塔；3—文氏管；
4—灰泥捕集器；5—电除尘器；6—调压阀组；
7—预热器；8—余压透平机组

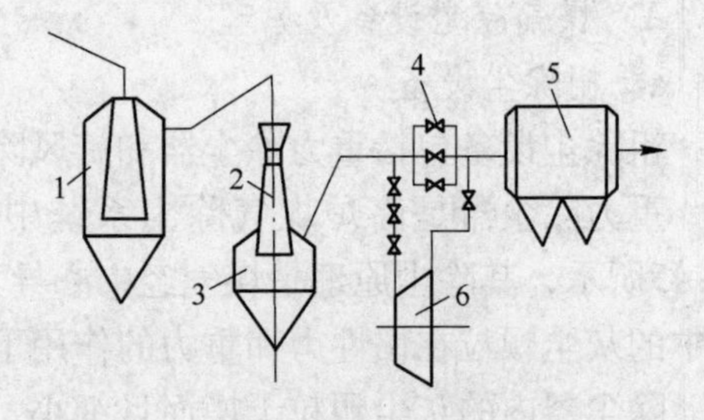

图 5-40　文氏管电除尘器系统

1—重力除尘器；2—文氏管；
3—灰泥捕集器；4—调压阀组；
5—电除尘器；6—余压透平机组

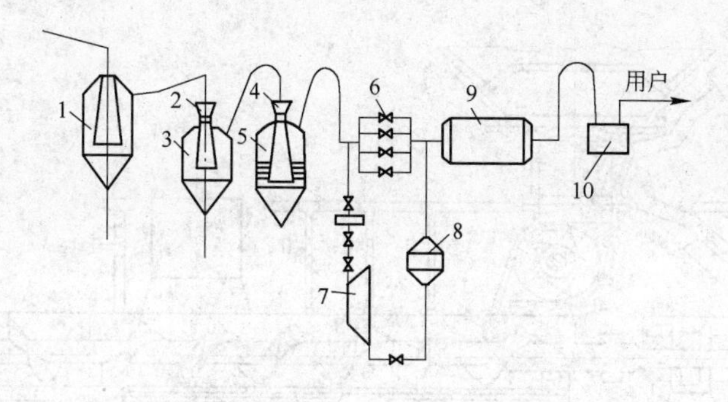

图 5-41　双文氏管串联清洗系统

1—重力除尘器；2—1 级文氏管；3—灰泥捕集器；4—2 级文氏管；5—填料式灰泥捕集器；6—调压阀组；7—透平；8—脱水器；9—消声器；10—煤气切断水封

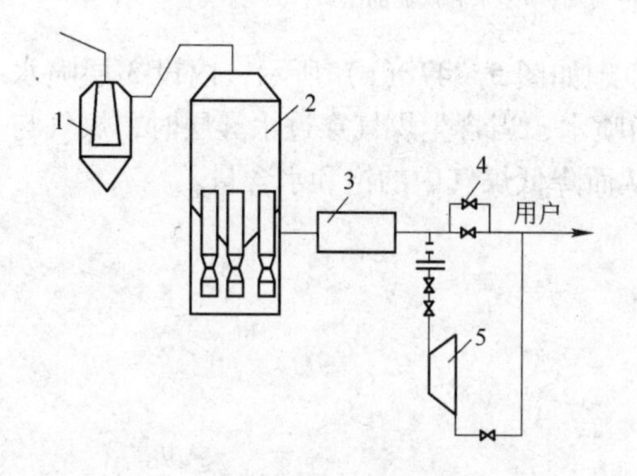

图 5-42　环缝洗涤器清洗系统

1—重力除尘器；2—环缝洗涤器；3—脱水器；4—旁通阀；5—透平机组

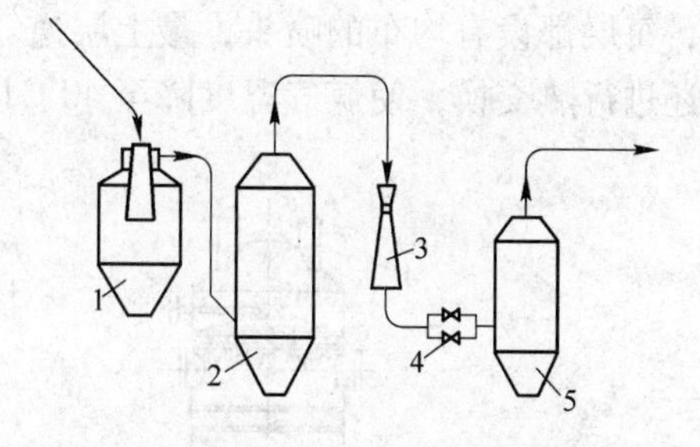

图 5-43　塔后文氏管系统

1—重力除尘器；2—洗涤塔；3—文氏管；4—调压阀组；5—脱水器

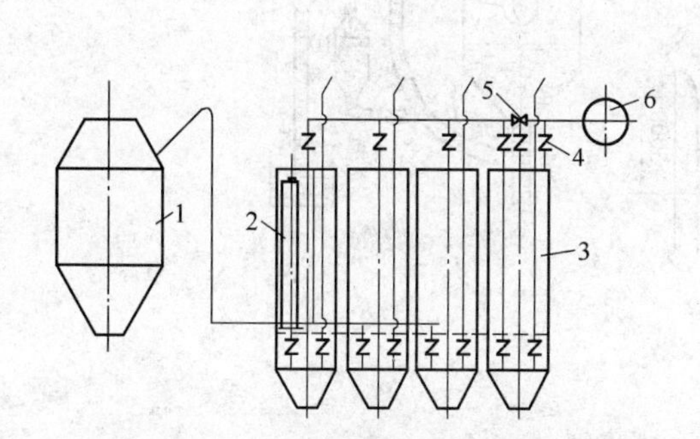

图 5-44　滤袋干式除尘系统

1—重力除尘器；2—1 次滤袋除尘；3—2 次滤袋除尘；4—蝶阀；5—闸阀；6—净煤气管道

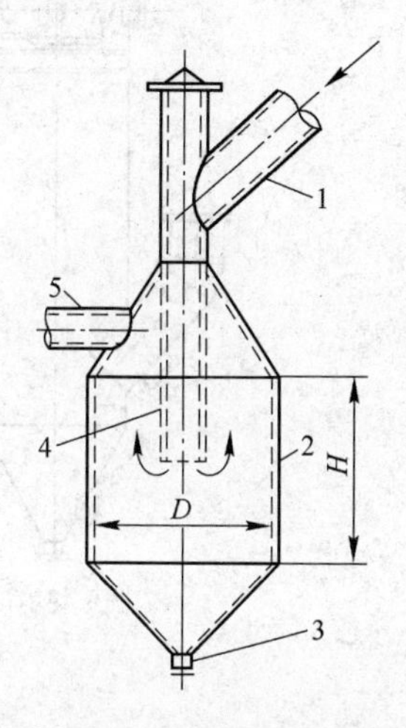

图 5-45　重力除尘器

1—煤气下降管；2—除尘器；3—清灰口；4—中心导入管；5—塔前管

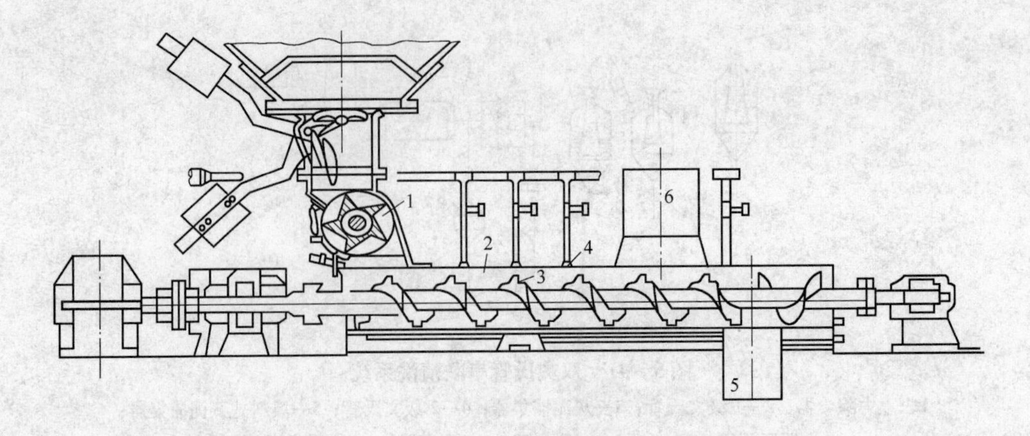

图5－46　螺旋清灰器

1—筒形给料器；2—出灰槽；3—螺旋推进器；4—喷嘴；5—水和灰泥的出口；6—排气管

（1）洗涤塔。洗涤塔属于湿法除尘，结构原理如图5－47（a）所示，内设3层喷水管，每层都设有均布的喷头，最上层逆气流方向喷水，当含尘煤气穿过水雾层时，煤气与水还进行热交换，使煤气温度降至40℃以下，从而降低煤气中的饱和水含量。

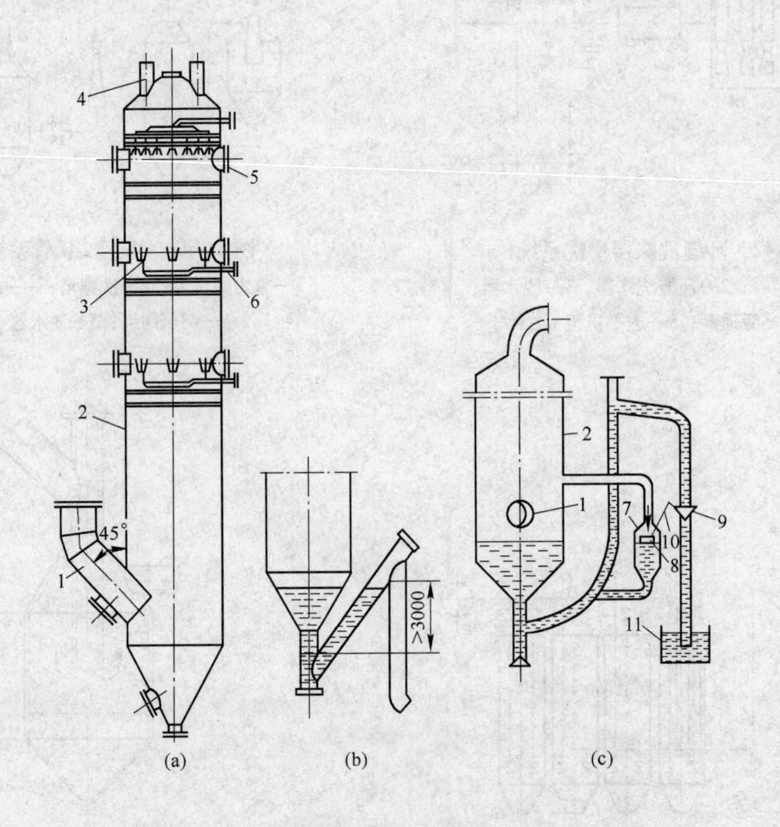

图5－47　洗涤塔

（a）空心洗涤塔；（b）常压洗涤塔水封装置；（c）高压煤气洗涤塔的水封装置

1—煤气导入管；2—洗涤塔外壳；3—喷嘴；4—煤气导出管；5—人孔；6—给水管；

7—水位调节器；8—浮标；9—蝶式调节阀；10—连杆；11—排水沟

（2）溢流文氏管。溢流文氏管结构如图5－48所示，它由煤气入口管、溢流水箱、收缩管、喉口和扩张管等组成。工作时溢流水箱的水不断沿溢流口流入收缩段，保持收缩段至喉口连续地存在一层水膜，当高速煤气流通过喉口时与水激烈冲击，使水雾化，雾化水与煤气充分接触，使粉尘颗粒湿润聚合并随水排出，并起到降低煤气温度的作用。

c 精细除尘设备

精细除尘的主要设备有文氏管、布袋除尘器和电除尘器等。

（1）文氏管。文氏管由收缩管、喉口、扩张管三部分组成，一般在收缩管前设两层喷水管，在收缩管中心设一个喷嘴。

（2）布袋除尘器。布袋除尘器是过滤除尘，含尘煤气流通过布袋时，灰尘被截留在纤维体上，而气体通过布袋继续运动，从而得到净化，它属于干法除尘。

布袋除尘器主要由箱体、布袋、清灰设备及反吹设备等构成，如图5－49所示。

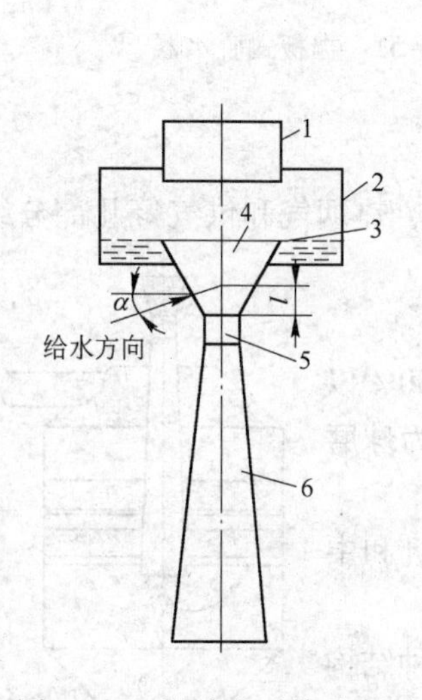

图5－48 溢流文氏管示意图
1—煤气入口；2—溢流水箱；3—溢流口；
4—收缩管；5—喉口；6—扩张管

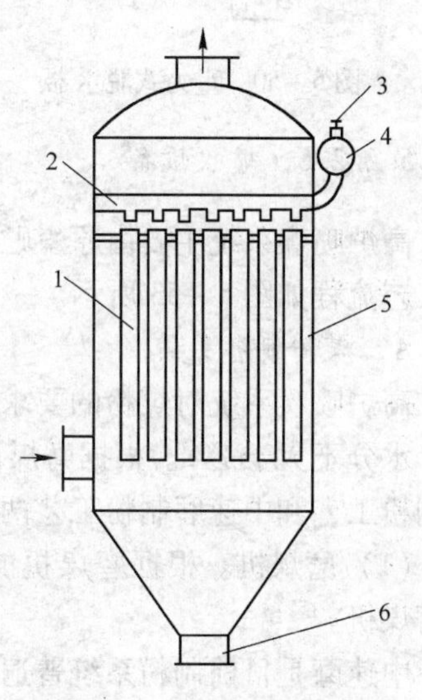

图5－49 布袋除尘器示意图
1—布袋；2—反吹管；3—脉冲阀；
4—脉冲气包；5—箱体；6—排灰口

B 脱水器

湿除尘后的煤气含有大量细颗粒水滴，在煤气除尘系统精细除尘设备之后设有脱水器，又称灰泥捕集器，使净煤气中吸附有粉尘的水滴从煤气中分离出来。

高炉煤气除尘系统常用的脱水器有重力式脱水器、挡板式脱水器和填料式脱水器等。

重力式脱水器如图5－50所示。其工作原理是气流进入脱水器后，由于气流流速和方向的突然改变，气流中吸附有尘泥的水滴在重力和惯性力作用下沉降，与气流分离。

挡板式脱水器结构如图5－51所示。煤气从切线方向进入后，经曲折挡板回路，尘泥在离心力和重力作用下与挡板、器壁接触，被吸附在挡板和器壁上、积聚并向下流动而被除去。

填料式脱水器结构如图5－52所示。其脱水原理是靠煤气流中的水滴与填料相撞失去动能，从而使水滴与气流分离。

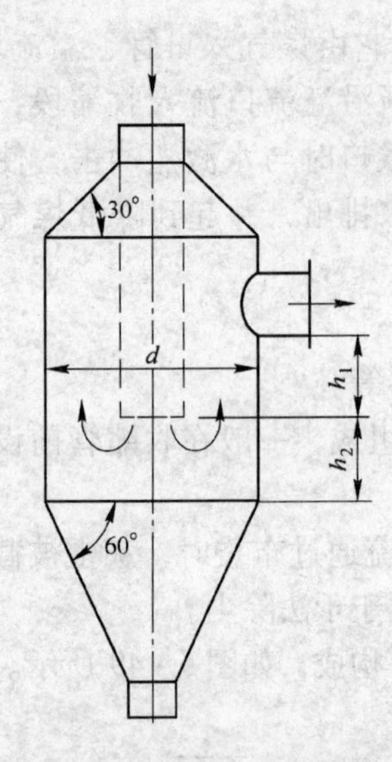

图 5-50 重力式脱水器

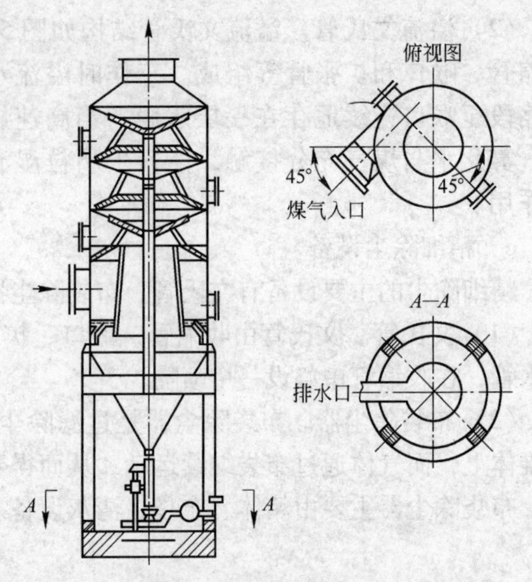

图 5-51 挡板式脱水器

5.2.2.5 喷吹设备

高炉喷煤系统主要由原煤贮运、煤粉制备、煤粉喷吹、热烟气和供气等几部分组成，其工艺流程如图 5-53 所示。

A 煤粉制备系统

高炉喷吹系统对煤粉的要求是：粒径小于 74μm 的占 80% 以上，水分不大于 1%。根据磨煤设备，煤粉制备工艺可分为球磨机制粉工艺和中速磨制粉工艺两种。

(1) 磨煤机。根据磨煤机的转速可以分为低速磨煤机和中速磨煤机。

中速磨是目前制粉系统普遍采用的磨煤机，主要有三种结构形式：平盘磨、碗式磨和 MPS 磨，如图 5-54 ~ 图 5-56 所示。

(2) 给煤机。给煤机位于原煤仓下面，用于向磨煤机提供原煤，目前常用埋刮板给煤机。图 5-57 为埋刮板给煤机结构示意图。

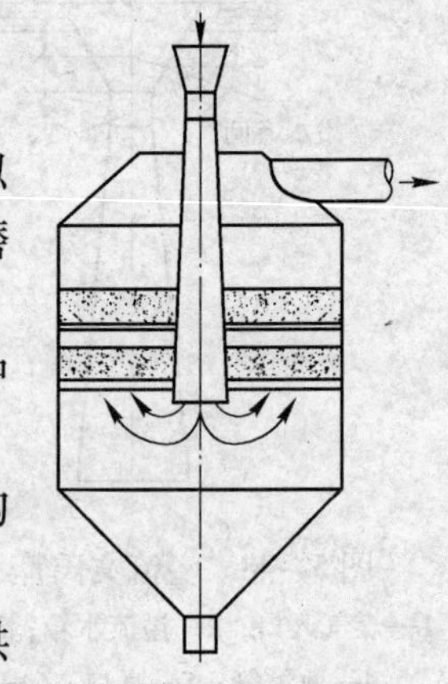

图 5-52 填料式脱水器

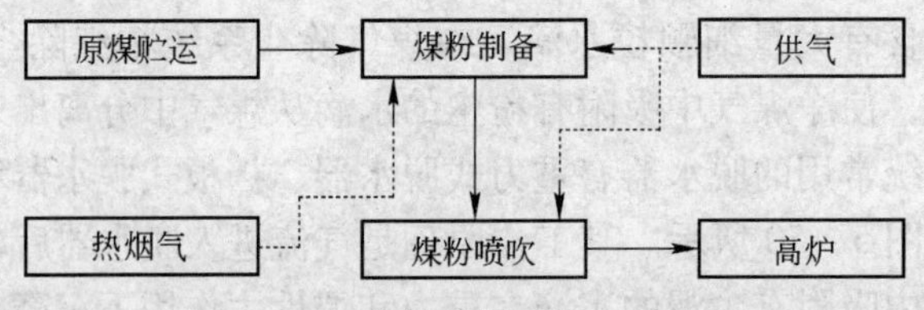

图 5-53 高炉喷煤系统工艺流程

(3) 粗粉分离器。它的任务是把从磨煤机出来的过粗煤粉分离出来，送回磨煤机再磨。目前使用较多的粗粉分离器如图 5-58 所示。

(4) 旋风分离器。其任务是把粗粉分离器出来的合格煤粉送入煤粉仓。一般采用二级旋风分离器。典型旋风分离器如图 5-59 所示。

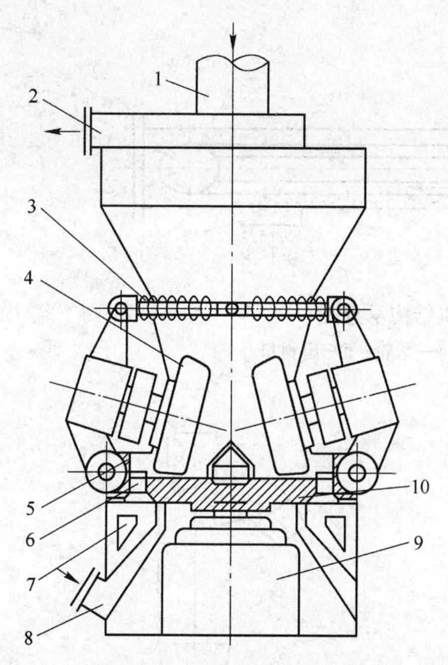

图5-54 平盘磨结构示意图

1—原煤入口；2—气粉出口；3—弹簧；4—辊子；
5—挡环；6—干燥气通道；7—气室；
8—干燥气入口；9—减速箱；10—转盘

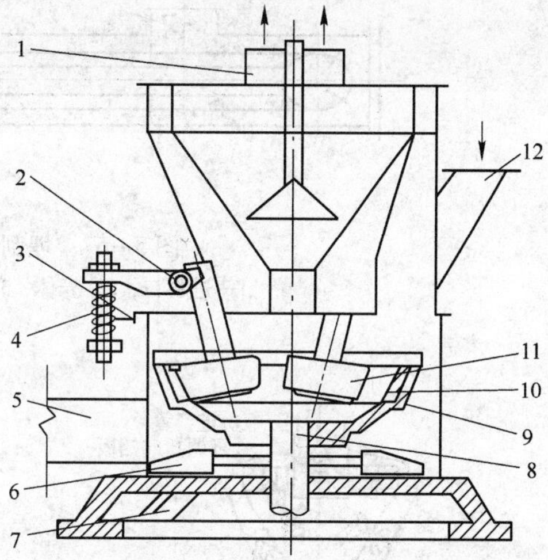

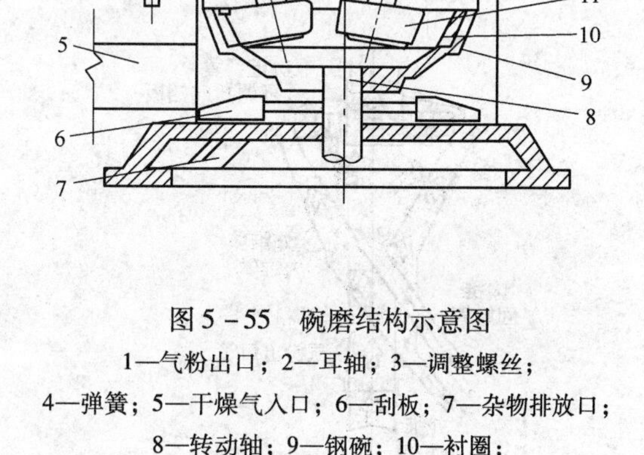

图5-55 碗磨结构示意图

1—气粉出口；2—耳轴；3—调整螺丝；
4—弹簧；5—干燥气入口；6—刮板；7—杂物排放口；
8—转动轴；9—钢碗；10—衬圈；
11—辊子；12—原煤入口

（5）锁气器。锁气器是装在旋风分离器下部的卸粉装置。其任务是只让煤粉通过而不允许气体通过。常用的锁气器如图5-60（a）、图5-60（b）所示。重锤质量可以调节，煤粉积到一定程度时活门开启一次，煤粉通过后又迅速关闭。为了达到气流无法上流的锁气目的，经常两台锁气器联合使用。

（6）布袋收集器。旋风除尘器出来的气流经过排粉风机（一次风机）后送入布袋收集器进行精除尘，如图5-61所示。

（7）螺旋泵。目前，螺旋泵在常压喷吹系统是采用比较广泛的设备，在它的后边连接瓶式分配器直接将煤粉送到风口。在制粉车间与喷吹装置距离较远时，它也是用管道输送煤粉的主要设备。螺旋泵的构造，如图5-62所示。

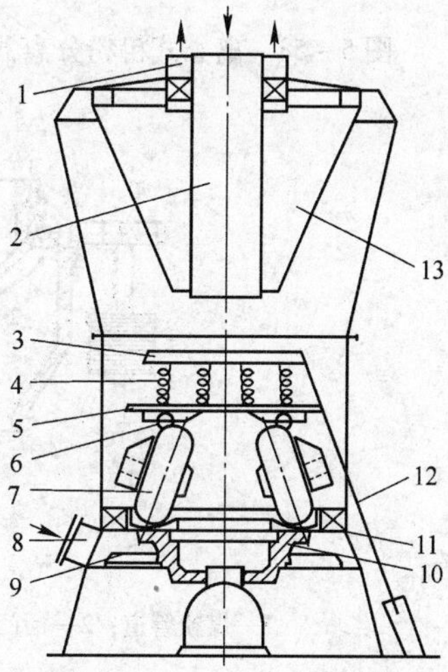

图5-56 MPS磨煤机结构示意图

1—煤粉出口；2—原煤入口；3—压紧环；
4—弹簧；5—压环；6—滚子；7—磨辊；
8—干燥气入口；9—刮板；10—磨盘；
11—磨环；12—拉紧钢丝绳；13—粗粉分离器

B 煤粉喷吹系统

a 混合器

混合器是将压缩空气与煤粉混合并使煤粉启动的设备，由壳体和喷嘴组成，如图5-63所示。混合器的工作原理是利用从喷嘴喷射出的高速气流所产生的相对负压将煤粉吸附、混匀和启动的。

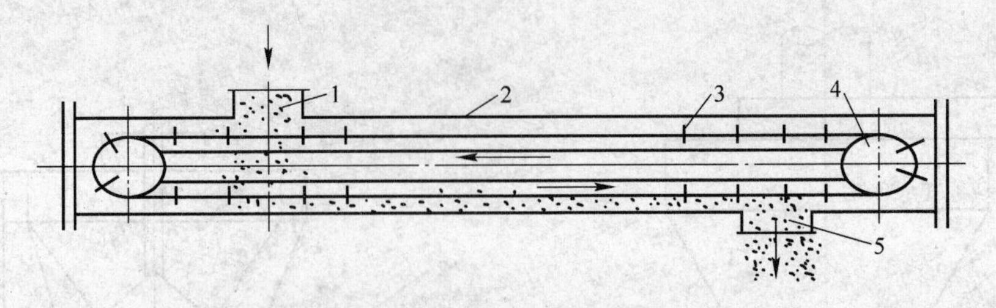

图 5 – 57　埋刮板给煤机结构示意图

1—进料口；2—壳体；3—刮板；4—星轮；5—出料口

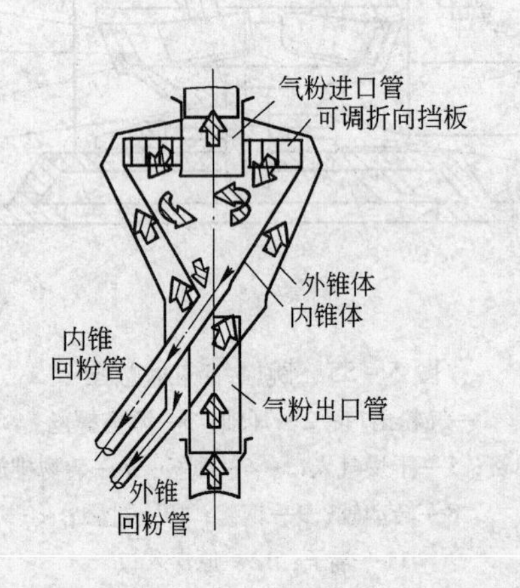

图 5 – 58　离心式粗粉分离器

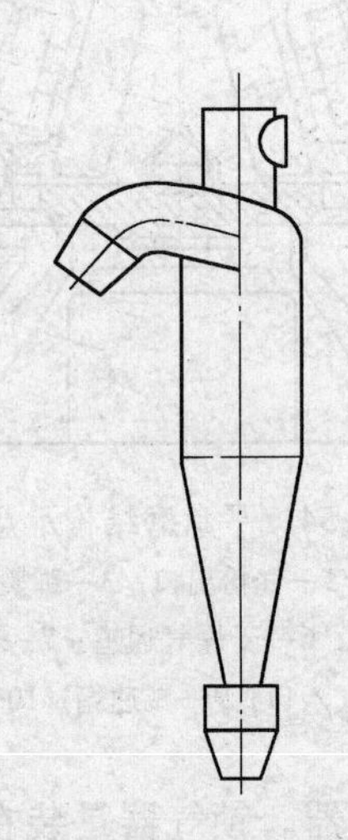

图 5 – 59　旋风分离器

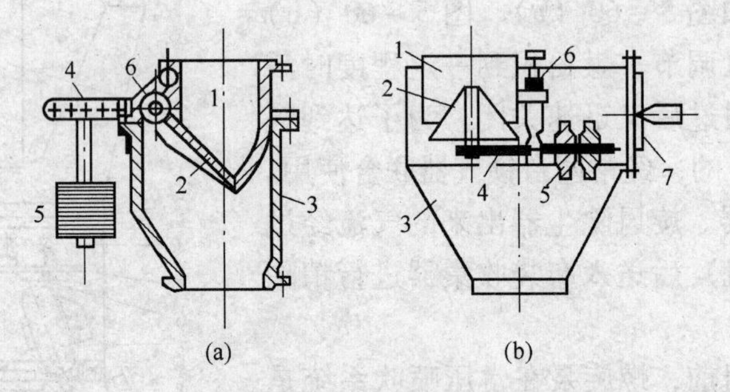

图 5 – 60　锁气器

1—煤粉管道；2—活门；3—外壳；4—杠杆；5—重锤；6—支点；7—手孔

b　分配器

单管路喷吹必须设置分配器。煤粉由设在喷吹罐下部的混合器供给，经喷吹总管送入分配器，目前使用效果较好的分配器有瓶式、盘式和锥形分配器等几种。图 5 – 64 所示为瓶式、盘式和锥形分配器的结构示意图。

c　喷煤枪

喷煤枪是高炉喷煤系统的重要设备之一，由耐热无缝钢管制成，直径 15 ~ 25mm。根据喷枪插入方式可分为三种形式，如图 5 – 65 所示。

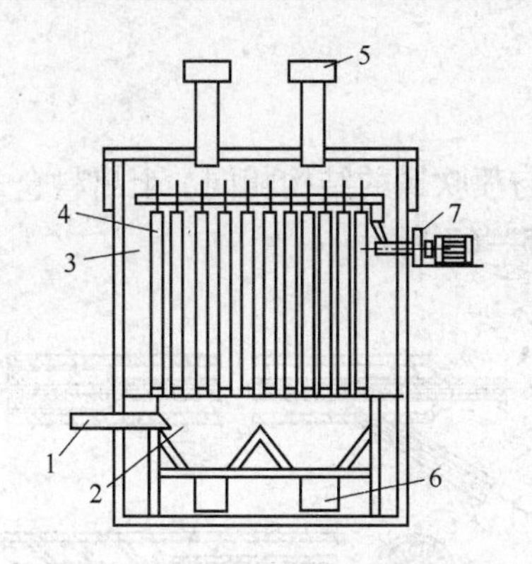

图 5-61　简易布袋除尘器示意图

1—进气管；2—集灰箱；3—布袋室；4—布袋；5—风帽；6—出灰管；7—振打装置

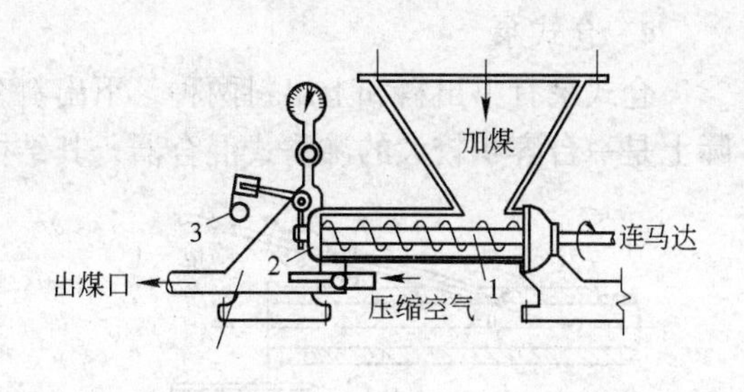

图 5-62　螺旋泵构造示意图

1—螺杆；2—压盖；3—可调的压重

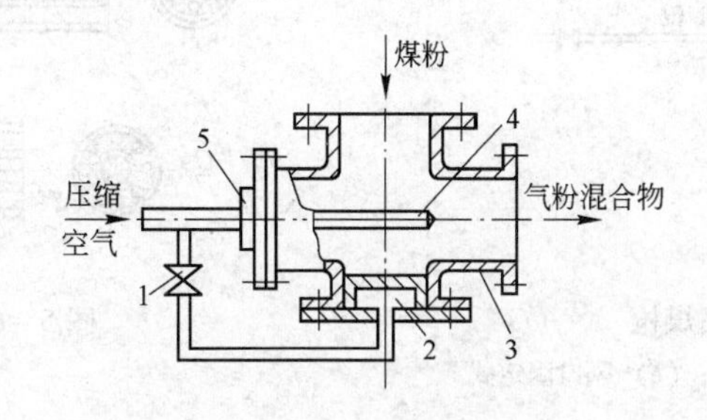

图 5-63　沸腾式混合器

1—压缩空气阀；2—气室；3—壳体；4—喷嘴；5—调节阀

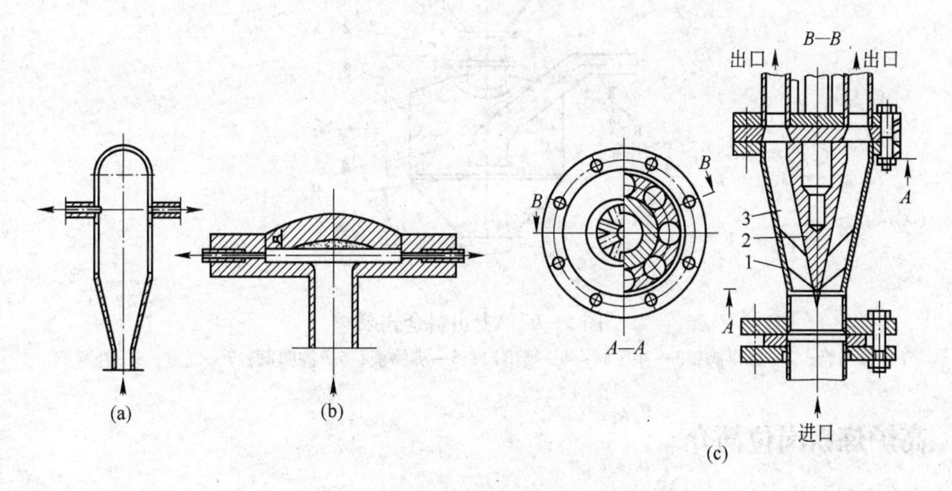

图 5-64　分配器结构示意图

（a）瓶式；（b）盘式；（c）锥形

1—分配器外壳；2—中央锥体；3—煤粉分配刀

d　氧煤枪

氧煤枪枪身由两支耐热钢管相套而成，内管吹煤粉，内、外管之间的环形空间吹氧气。枪嘴的中心孔与内管相通，中心孔周围有数个小孔，氧气从小孔以接近音速的速度喷出。图 5-66 中 A、B、C 三种结构不同，氧气喷出的形式也不一样。A 为螺旋形，B 为向心形，C 为退后形。

e　仓式泵

仓式泵有下出料和上出料两种，下出料仓式泵与喷吹罐的结构相同，上出料仓式泵实际上是一台容积较大的沸腾式混合器，其结构如图 5－67 所示。

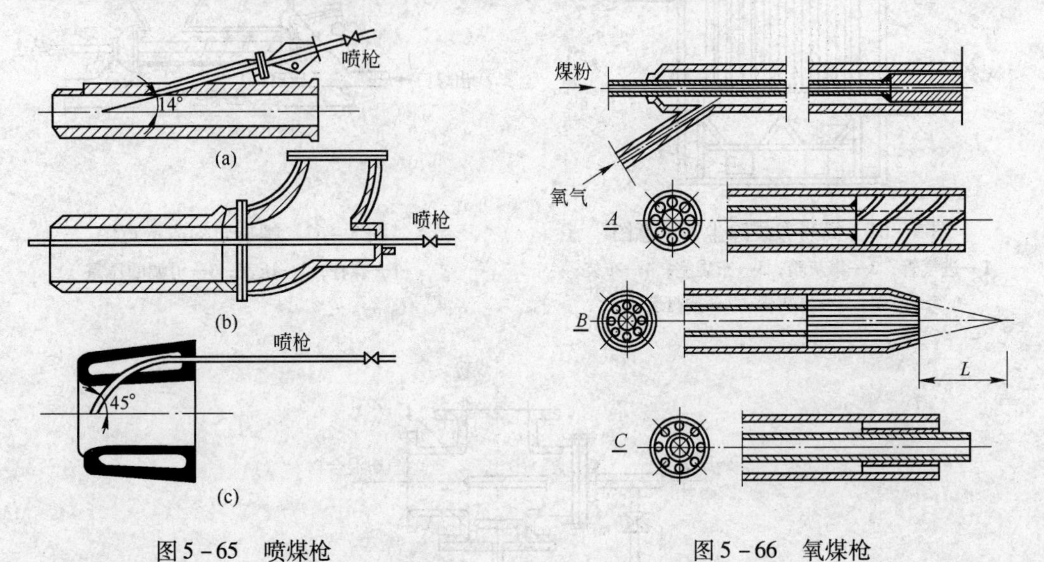

图 5－65　喷煤枪

（a）斜插式；（b）直插式；（c）风口固定式

图 5－66　氧煤枪

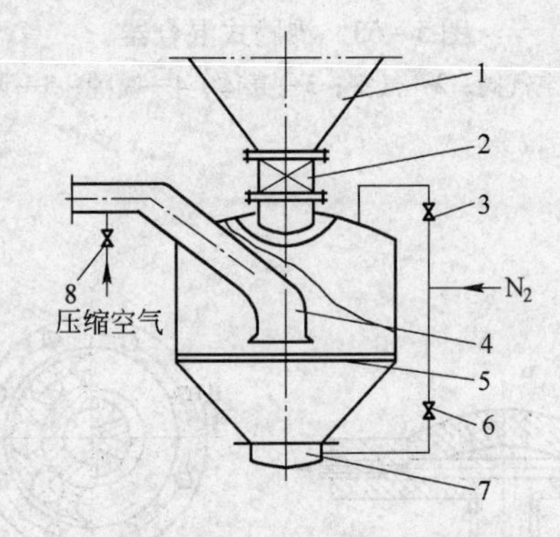

图 5－67　上出料仓式泵

1—煤粉仓；2—给煤阀；3—冲压阀；4—喷出口；5—沸腾板；6—沸腾阀；7—气室；8—补气阀

5.3　高炉炼铁岗位简介

以邯钢炼铁厂为例，主要岗位及工作内容如表 5－2 所示。

表 5－2　炼铁岗位及工作内容

岗　位	工 作 内 容
工长岗位	（1）协调各岗位进行正常生产； （2）炉况的判断、调剂与失常处理； （3）事故的预防和处理； （4）休风和复风操作制定等

续表5-2

岗 位	工 作 内 容
炉前岗位	(1) 出铁准备作业：出铁设备点检（包括：铁口开口机、泥炮、铁口冷却器、主沟、铁沟、渣沟、摆动流嘴、铁罐的配置状况、安全盖、付跨）； (2) 出铁作业：开口机操作、炭包操作、铁沟操作、下渣沟操作、液压炮操作； (3) 更换冷却设备操作：准备工作、更换风口小套、二套操作； (4) 天车操作：炉前天车操作； (5) 其他作业：吊斗作业、运送炮泥、运送砂子、清除主沟盖黏着的渣铁、沟盖的拆卸和安装、打锤、风镐的操作、残铁装斗处理、拉风口作业、化铁块作业等
上料岗位	(1) 槽下：槽下输送、装料、设备检点、正常运行、清扫等； (2) 炉顶系统：均压放散阀检点、更换、焊补，炉顶探尺更换链条、重锤，气密试验等； (3) 异常操作：高炉氮气压力低异常操作等
热风岗位	(1) 炉皮温度监视； (2) 送风操作； (3) 燃烧操作； (4) 方式切换； (5) 仪表管理； (6) 休风作业及管理； (7) 事故处理； (8) 设备检点； (9) 余热回收； (10) 停电、断风异常操作等
配管岗位	(1) 炉体点检； (2) 炉缸点检； (3) 风口周围点检； (4) 炉体附属设备管理； (5) 炉缸设备管理； (6) 异常情况处理等

复习思考题

5-1 什么是铁，什么是炼铁？

5-2 高炉冶炼过程中发生哪些变化或反应？

5-3 简述炼铁生产的工艺过程。

5-4 简述你所参观工厂的设备概况。

5-5 高炉冶炼的主要产品和副产品有哪些？

6 转炉炼钢生产

6.1 转炉炼钢的基本任务

炼钢的基本任务可以归纳为："四脱"（脱碳、氧、磷和硫），"二去"（去气和去夹杂），"二调整"（调整成分和温度）。即是脱碳、脱磷、脱硫、脱氧，去除有害气体和非金属夹杂物，提高温度和调整成分。

（1）脱碳并将其含量调整到一定范围。碳含量是控制钢性能的最主要元素，钢中含碳量增加，则硬度、强度、脆性都将提高，而延展性能将下降；反之，含碳量减少，则硬度、强度下降而延展性提高。所以，炼钢过程必须按钢种规格将碳氧化至一定范围。

（2）脱磷、脱硫。对绝大多数钢种来说，P、S 均为有害杂质，P 可引起钢的"冷脆"，而 S 则引起钢的"热脆"，因此，要求在炼钢过程中尽量除之。

（3）脱氧。由于在氧化炼钢过程中，向熔池输入大量氧以氧化杂质，致使钢液中溶入一定量的氧，它将大大影响钢的质量。因此，需降低钢中的含氧量。一般是向钢液中加入比铁有更大亲氧力的元素来完成（如 Al、Si、Mn 等合金）。

（4）去除气体和非金属夹杂物。钢中气体主要指溶解在钢中的氢和氮，它们分别会使钢产生氢脆和时效性。非金属夹杂物包括氧化物、硫化物、磷化物、氮化物以及它们所形成的复杂化合物，它们会破坏钢材的连续性，降低钢材的力学性能。因此，炼钢的任务要去气去夹杂物。在一般炼钢方法中，主要靠碳－氧反应时产生 CO 气泡，当它从钢液中逸出时，引起熔池沸腾来减少钢中气体和非金属夹杂物。

（5）调整钢液成分。为保证钢的各种物理、化学性能，除控制钢液的碳含量和降低杂质含量外，还应加入适量的合金元素使其含量达到钢种规格范围，提高钢材的性能。

（6）调整钢液温度。为完成上述各项任务并保证钢液能顺利浇注，必须将钢液加热并保持在一定的高温范围内，同时根据冶炼过程的要求不断将钢液温度调整到合适的出钢温度范围。

6.2 转炉炼钢的分类

转炉按炉衬耐火材料性质可分为碱性转炉和酸性转炉，按供入氧化性气体种类分为空气和氧气转炉，按供气部位分为顶吹、底吹、侧吹及复合吹转炉，按热量来源分为自供热和外加燃料供热转炉。现在，全世界主要的转炉炼钢法有：氧气顶吹转炉炼钢法、氧气底吹转炉炼钢法和顶底复合吹炼转炉炼钢法，如图 6－1 所示。在我国，主要采用 LD 法（小转炉）与复合吹炼法（大中型转炉）。

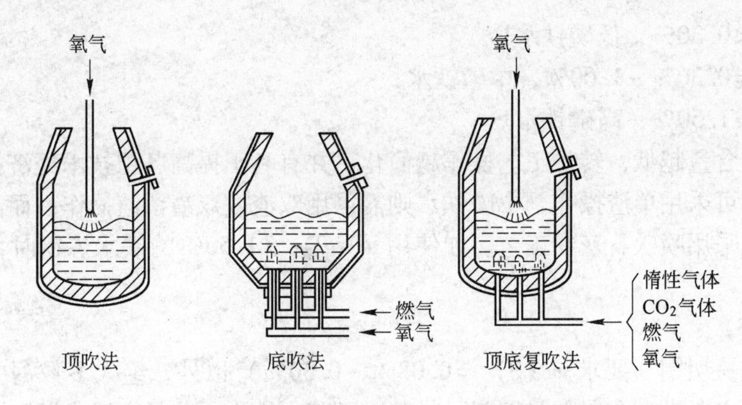

图6-1 转炉顶吹、底吹、复合吹炼示意图

6.3 转炉炼钢的原料

炼钢用原材料可分为金属料和非金属原料。金属料主要指铁水（或生铁块）、废钢和铁合金；非金属材料主要指造渣材料、氧化剂、冷却剂、增碳剂和气体等。

6.3.1 金属料

6.3.1.1 转炉冶炼的铁水

A 铁水温度

铁水一般占转炉装入量的70%～100%。铁水的物理热与化学热是氧气顶吹转炉炼钢的基本热源。一般铁水物理热约占转炉热收入的50%，我国炼钢规定入炉铁水温度应大于1250℃，并且要相对稳定，以保证炉内热源充足和成渣迅速。

B 铁水成分

a 硅（Si）

硅是炼钢过程的重要发热元素之一，硅含量高，热来源增多，能够提高废钢比。有关资料认为，铁水中 w（Si）每增加0.1%，废钢比可提高1.3%。铁水硅含量视具体情况而定。

目前我国的废钢资源有限，铁水中 w（Si）＝0.40%～0.80%为宜。通常大、中型转炉用铁水硅含量可以偏下限；而对于热量不富余的小型转炉用铁水硅含量可偏上限。过高的硅含量，会增加渣料消耗，增大渣量，容易引起喷溅，加剧对炉衬的冲蚀，对去除硫、磷也不利。

b 锰（Mn）

锰是弱发热元素，铁水中锰氧化后形成的MnO能有效地促进石灰溶解，减少炉衬侵蚀；减少氧枪粘钢，终点钢中余锰高，能够减少合金用量，利于提高金属收得率；锰在降低钢水硫含量和硫的危害方面起到有利作用。实践证明铁水中 w（Mn）/w（Si）的比值为0.8～1.00时对转炉的冶炼操作控制最为有利。当前使用较多的为低锰铁水，一般铁水中 w（Mn）＝0.20%～0.40%。

c 磷（P）

磷是强发热元素，根据磷含量的多少铁水可以分为如下三类：

w（P）<0.30%，低磷铁水；

w（P）=0.30% ~1.00%，中磷铁水；

w（P）>1.50%，高磷铁水。

铁水中磷含量越低，转炉工艺操作越简化，并有利于提高各项技术经济指标。吹炼低磷铁水，转炉可采用单渣操作，中磷铁水则需采用双渣或双渣留渣操作；而高磷铁水就要多次造渣，或采用喷吹石灰粉工艺。如使用 *w*（P）>1.50% 的铁水炼钢时，炉渣可以用作磷肥。

d　硫（S）

除了含硫易切钢（要求 *w*（S）=0.08% ~0.30%）以外，绝大多数钢中硫是有害元素。转炉中硫主要来自金属料和熔剂材料等，而其中铁水的硫是主要来源。在转炉内氧化性气氛中脱硫是有限的，脱硫率只有 35% ~50%。

C　铁水带渣量

高炉渣中含 S、SiO_2、和 Al_2O_3 量较高，过多的高炉渣进入炼钢炉内会导致炼钢渣量大，石灰消耗增加，容易造成喷溅，降低炉衬寿命。因此，兑入炼钢炉的铁水要求带渣量不得超过 0.5%。

6.3.1.2　转炉冶炼的废钢

废钢的来源，可分作两个方面：一是厂内的返回废钢，来自钢铁厂的冶炼和加工车间，其质量较好，形状较规则，一般都能直接装入炉内冶炼；二是外来废钢，也称购入废钢，其来源很广，一般质量较差，常混有各种有害元素和非金属夹杂，形状尺寸又极不规则，需要专门加工处理。

6.3.1.3　生铁块

生铁块也称冷铁，是铁锭、废铸件、罐底铁和出铁沟铁的总称，其成分与铁水相近，但没有显热。它的冷却效应比废钢低，同时还需要配加适量石灰渣料。有的厂家将废钢与生铁块搭配使用。

6.3.1.4　铁合金

（1）铁合金的种类：

1）Fe－Mn，Fe－Si，Fe－Cr，Fe－V，Fe－Ti，Fe－Mo，Fe－W 等；

2）复合脱氧剂：Ca－Si 合金，Al－Mn－Si 合金，Mn－Si 合金，Cr－Si 合金，Ba－Ca－Si 合金，Ba－Al－Si 合金等；

3）纯金属：Mn、Ti（海绵 Ti）、Ni、Al。

（2）铁合金的选用：

1）若炼优质钢需要在炉内沉淀脱氧时，可以选用锰铁、硅锰铁或铝铁；

2）冶炼沸腾钢或者低硅钢种，几乎不用硅铁来进行脱氧；

3）硅铁是常用的较强脱氧剂，按照铁合金加入顺序一般在加入锰铁后使用；

4）铝在常用脱氧剂中脱氧能力最强，一般用于终脱氧；

5）铝锰铁是一种复合脱氧剂，在炼钢中作为铝的一种代用品来使用。使用后对钢的质量有好处。

6.3.2 非金属料

6.3.2.1 造渣剂

A 石灰

石灰的主要成分 CaO，是炼钢主要造渣材料，具有较强脱磷、脱硫能力，它是用量最多的造渣材料。因而对石灰质量要求严格，如有效 CaO 含量要高，要求硫含量低，残余 CO_2 少，石灰活性度高等。石灰通常由石灰石在竖窑或回转窑内用煤、焦炭、油、煤气煅烧而成。

对于转炉炼钢，国内外的生产实践已证实，必须采用活性石灰才能对生产有利。世界各主要产钢国家都对石灰活性提出了要求。

B 萤石

萤石的主要成分是 CaF_2，它能使 CaO 和阻碍石灰溶解的 $2CaO \cdot SiO_2$ 外壳的熔点显著降低，生成低熔点的 $3CaO \cdot CaF_2 \cdot 2SiO_2$（熔点 1362℃），加速石灰溶解，迅速改善炉渣流动性。萤石助熔的特点是作用快、时间短。但大量使用萤石会增加喷溅，加剧炉衬侵蚀，并污染环境。

近年来，各钢厂从环保角度考虑，使用多种萤石代用品，如铁锰矿石、氧化铁皮、转炉烟尘、铁矾土等。

C 白云石

白云石的主要成分为 $CaCO_3 \cdot MgCO_3$。经焙烧可成为轻烧白云石，其主要成分为 $CaO \cdot MgO$。多年来，氧气转炉采用生白云石或轻烧白云石代替部分石灰造渣得到了广泛应用。实践证明，采用白云石造渣时对减轻炉渣对炉衬的侵蚀、提高炉衬寿命具有明显效果。溅渣护炉操作时，通过加入适量的生白云石或轻烧白云石保持渣中的 MgO 含量达到饱和或过饱和，使终渣能够做黏，出钢后达到溅渣的要求。与轻烧白云石相比，生白云石在炉内分解吸热多，因此，用轻烧白云石效果最为理想。

D 合成造渣剂

合成造渣剂是将石灰和熔剂预先在炉外制成的低熔点造渣材料，然后用于炉内造渣。即把炉内的石灰块造渣过程部分地，甚至全部移到炉外进行。显然，这是一种提高成渣速度，改善冶炼效果的有效措施。

由于合成造渣剂的良好成渣效果，减轻了顶吹氧枪的化渣作用，从而有助于简化转炉吹炼操作。

E 菱镁矿

菱镁矿也是天然矿物，主要成分是 $MgCO_3$，焙烧后用作耐火材料，也是目前溅渣护炉的调渣剂。

F 锰矿石

加入锰矿石有助于化渣，也有利于保护炉衬，若是半钢冶炼更是必不可少的造渣材料。

6.3.2.2　冷却剂

A　废钢

废钢的冷却效应稳定，加入转炉产生的渣量少，不易喷溅，但加入转炉占用冶炼时间，冶炼过程调节不便。

B　铁矿石和氧化铁皮

铁矿石主要成分是 Fe_2O_3 和 Fe_3O_4。铁矿石在熔化后铁被还原，过程吸收热量，因而能起到调节熔池温度的作用。但铁矿带入脉石，增加石灰消耗和渣量，同时一次加入量不能过多，否则会产生喷溅。铁矿石还能起到氧化作用。

氧化铁皮来自轧钢车间副产品，使用前烘烤干燥，去除油污。氧化铁皮细小体轻，因而容易浮在渣中，增加渣中氧化铁的含量，有利于化渣，因此氧化铁皮不仅能起到冷却剂的作用，还能起到助熔剂的作用。

C　其他冷却剂

石灰石、生白云石也可作冷却剂使用，其分解熔化均能吸收热量，同时还具有脱磷、硫的能力。当废钢与铁矿石供应不足时，可用少量的石灰石和生白云石作为补充冷却剂。

6.3.2.3　增碳剂

在冶炼过程中，由于配料或装料不当以及脱碳过量等原因，有时造成钢中碳含量没有达到预期的要求，这时要向钢液中增碳。常用的增碳剂有增碳生铁、电极粉、石油焦粉、木炭粉和焦炭粉。

转炉冶炼中、高碳钢种时，使用含杂质很少的石油焦作为增碳剂。对顶吹转炉炼钢用增碳剂的要求是固定碳要高，灰分、挥发分和硫、磷、氮等杂质含量要低，且干燥、干净、粒度适中。其固定碳含量不大于 96%，挥发分含量不大于 1.0%，S 含量不大于 0.5%，水分含量不大于 0.5%，粒度为 1～5mm。

6.3.2.4　保温剂

A　保温剂的种类

a　酸性类

典型的有炭化稻（糠）壳，其具有优良的保温绝热性能，且成本低廉，但不利于吸附钢水中上浮的夹杂物，并会导致钢水增碳。

b　中性类

典型的有 $Al_2O_3-SiO_2$ 基含碳或低碳保温剂，其最大的特点是成本低廉和钢水增碳较少。

c　碱性类

该类保温剂是以 MgO 或白云石为基础的材料，也有高碳与低碳之分，该类保温覆盖剂一般熔点较低，单独使用时容易结壳，但能较好地吸附钢水中上浮的夹杂物。

d　微碳碱性

（1）保温覆盖剂的使用不会对钢水增碳，能适应高、中、低碳或超低碳钢水生产的保温要求。

(2) 保温覆盖剂应属碱性材料，其碱度应和钢渣的碱度相当，在保温覆盖剂的使用过程中不会降低钢渣的碱度，从而避免了钢水的回磷和回硫。

(3) 保温覆盖剂应具有良好的保温性能，从材料内部的传热过程来看，要使保温覆盖剂具有良好的保温性能，就必须使材料中含有大量的气孔率以阻隔传导通路，为此，保温覆盖剂应具有较低的容重。

(4) 保温覆盖剂应具有较高的熔点，较高的熔点能使保温剂在使用过程中不易熔化，能较长时间保持良好的保温性能。

(5) 保温覆盖剂应价廉质优，为了适应市场和钢铁生产降低成本的需要，保温覆盖剂的原材料应价格低廉、来源广阔，且生产工艺简单。

B 保温剂的作用

随着钢铁生产技术的不断提高以及高纯净超低碳钢的发展，对炼钢用辅助材料的要求也越来越高。从钢水保温剂的发展过程可明显看出这一点。钢水保温剂的最初功能只是保温，以防止钢水在传输过程或浇注过程中温降过大，但随着对钢质量要求的提高，钢水保温剂的功能趋于广泛，具体功能有保温、防止大气对钢水的二次氧化、吸附钢水中上浮的夹杂物、不与钢水反应避免污染钢水等。

6.3.2.5 常用气体

A 蒸汽

炼钢厂所用的蒸汽一般是由汽化冷却烟道、活动烟罩里产生的。蒸汽要有一定压力才能保证正常输送，一般在0.6MPa以上。

B 氧气

氧气是炼钢的主要氧化剂，对其质量要求：

(1) 氧气纯度。要求在99.8%以上，纯度高，则其氮含量及水分等就低，有利于钢质量的提高。

(2) 氧气压力。压力要稳定，压力在0.6~1.4MPa之间。

C 氮气

氮气的主要作用：

(1) 用来封闭其他气体，以防外溢。压力要求不小于0.1MPa，纯度不小于98%。

(2) 用氮气来进行溅渣护炉。

D 煤气

煤气是炼钢的一种副产品，也是一种极有利用价值的二次能源。必须十分注意煤气是一种无色无味、有毒易爆的气体，使用中要特别注意安全。

E 氩气

氩气是惰性气体之一，既不溶于钢水，又不与其他元素反应。其用途主要有：

(1) 钢包吹氩。

(2) 钢包吹氩搅拌还可均匀成分和温度。

(3) 在进行保护浇注时可以防止钢水的二次氧化。

(4) 氩气可以作为复吹转炉底吹气体。

F 乙炔

乙炔也称电石气，分子式为 C_2H_2，无色、易燃、有一种特有气味。一般用电石加水反应制得。可用来照明、焊接及切割金属等。

G 压缩空气

压缩空气常用来开启气动阀门，也可用来清除浇注平台和炼钢平台上的垃圾。使用压力在0.4MPa左右。

6.4 转炉炼钢生产流程

转炉炼钢是由转炉炼钢工协调组织的班组生产过程，根据车间下达的生产任务计划工单，组织本班组人员，在规定的时间内，以经济的方式，安全地利用转炉及附属设备将铁水冶炼成符合钢种要求的钢水，并对转炉设备进行维护。

转炉炼钢工首先要根据任务工单上所要求的钢种成分、出钢温度和车间提供的铁水成分、铁水温度编制原料配比方案和工艺操作方案。与原料工段协调完成铁水、废钢及其他辅料的供应。组织本班组员工按照操作标准，安全地完成铁水及废钢的加入、吹氧冶炼、取样测温、出钢合金化、溅渣护炉、出渣等一整套完整的冶炼操作。在进行冶炼操作这个关键环节时，与吹氧工配合，在熟练使用转炉炼钢系统设备的基础上，运用计算机操作系统控制转炉的散装料系统设备、供氧系统设备、除尘系统设备，及时、准确地调整氧枪高度、炉渣成分、冶炼温度、钢液成分，完成出钢合金化任务和煤气回收任务，保证炼出合格的钢水。还要按计划做好炉衬的维护。并填写完整的冶炼记录。

氧气顶吹转炉炼钢的工艺操作过程可分以下几步进行：

(1) 上炉钢出完并倒完炉渣后，迅速检查炉体，必要时进行补炉，然后堵好出钢口，及时加料。

(2) 在兑入铁水和装入废钢后，把炉体摇正。在下降氧枪的同时，由炉口上方的辅助材料溜槽，向炉中加入第一批渣料（石灰、萤石、氧化铁皮、铁矿石），其量约为总量的2/3～1/2。当氧枪降至规定的枪位时，吹炼过程正式开始。

当氧气流与熔池面接触时，碳、硅、锰开始氧化，称为点火。点火后约几分钟，炉渣形成覆盖于熔池面上，随着硅、锰、碳、磷的氧化，熔池温度升高，火焰亮度增加，炉渣起泡，并有小铁粒从炉口喷溅出来，此时应当适当降低氧枪高度。

(3) 吹炼中期脱碳反应剧烈，渣中氧化铁降低，致使炉渣的熔点增高和黏度增大，并可能出现稠渣（即“返干”）现象。此时，应适当提高氧枪枪位，并可分批加入铁矿石和第二批造渣材料（其余的1/3)，以提高炉渣中的氧化铁含量及调整炉渣黏度。第三批造渣料为萤石，用以调整炉渣的流动性，但是否加第三批造渣材料，其加入量如何，要视各厂生产的情况而定。

(4) 吹炼末期，由于熔池金属中含碳量大大降低，则使脱碳反应减弱，炉内火焰变得短而透明，最后根据火焰状况，供氧数量和吹炼时间等因素，按所炼钢种的成分和温度要求，确定吹炼终点，并且提高氧枪，停止供氧（称之为拉碳)、倒炉、测温、取样。根据分析结果，决定出钢或补吹时间。

(5) 当钢水成分和温度均已合格，打开出钢口，即可倒炉出钢。在出钢过程中，向钢包内加入铁合金，进行脱氧和合金化（有时可在打出钢口前向炉内投入部分铁合金）。

出钢完毕，将炉子摇正，降枪溅渣护炉，余渣倒入渣罐。

通常将相邻两炉之间的间隔时间（即从装料到倒渣完毕），称为冶炼周期或一炉钢的冶炼时间。一般为 20～40min。

顶吹氧气转炉炼钢生产工艺流程如图 6－2 所示。一炉钢水的操作冶炼过程与相应的工艺制度如图 6－3 所示。

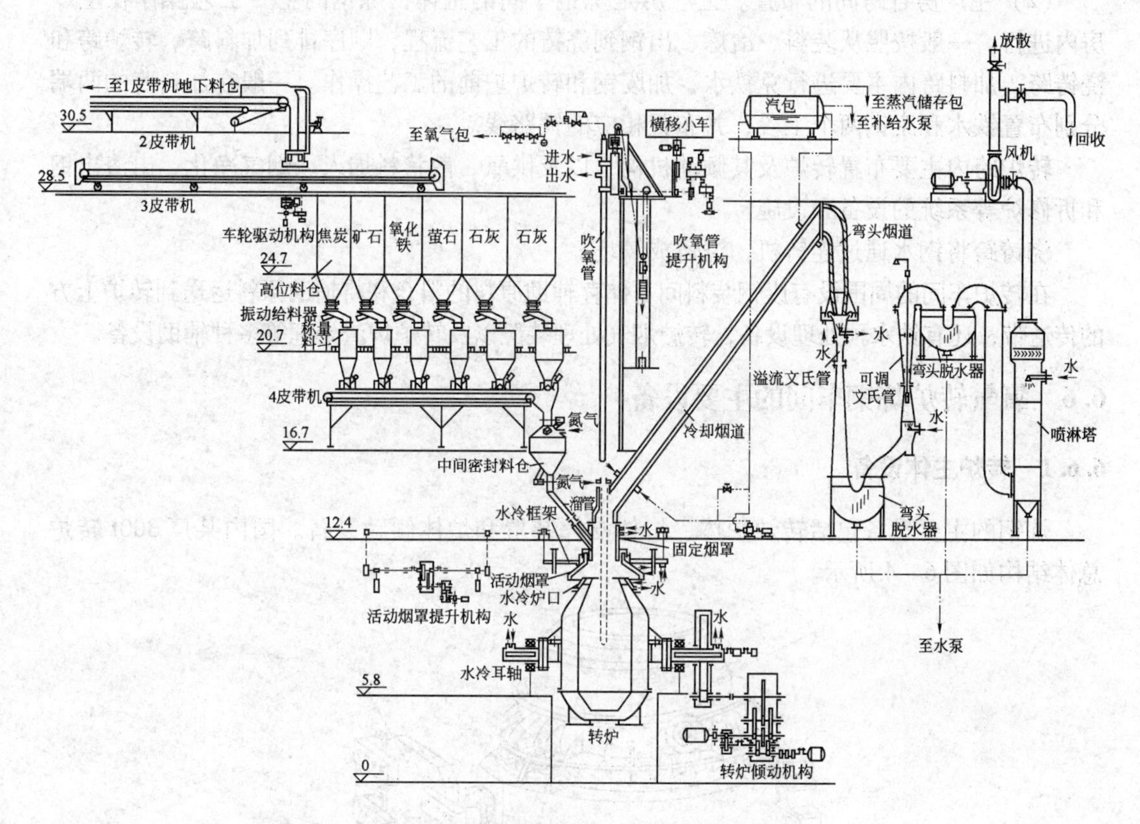

图 6－2　氧气转炉炼钢工艺流程示意图

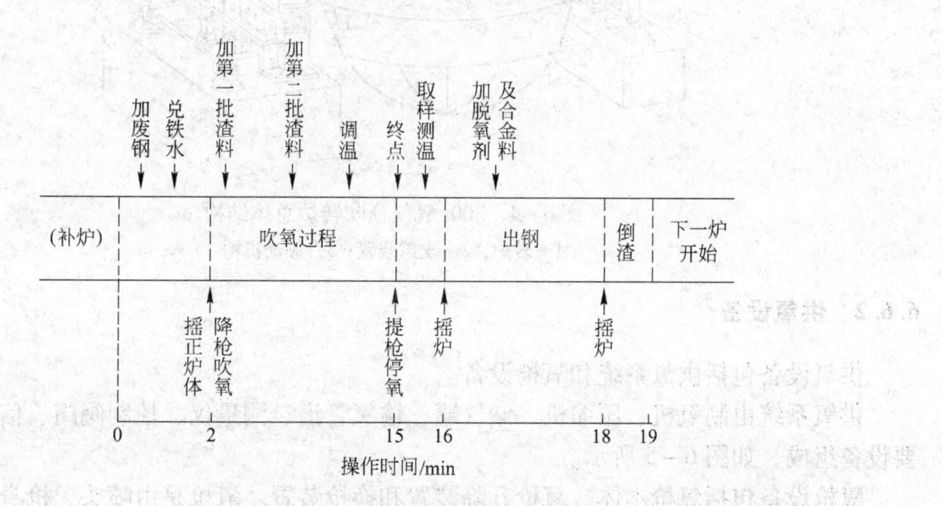

图 6－3　顶吹转炉吹炼操作实例

6.5　转炉炼钢车间布置

（1）氧气转炉车间的组成。氧气转炉车间主要包括原料系统（铁水、废钢和散状料的存放和供应），加料、冶炼和浇铸系统。此外，还有炉渣处理、除尘（烟气净化、通风和含尘泥浆的处理）、动力（氧气、压缩空气、水、电等的供应）、拆修炉等一系列设施。

（2）主厂房各跨间的布置。主厂房是炼钢车间的主体，炼钢的主要工艺操作在主厂房内进行。一般按照从装料、冶炼、出钢到浇铸的工艺流程，顺序排列加料跨、转炉跨和浇铸跨。加料跨内主要进行兑铁水、加废钢和转炉炉前的工艺操作。一般在加料跨的两端分别布置铁水和废钢两个工段，并布置相应的铁路线。

转炉跨内主要布置转炉及其倾动机构，以及供氧、散状料加入、烟气净化、出渣出钢和拆修炉等系统的设备和设施。

浇铸跨将钢水通过连铸机，浇铸成铸坯。

在转炉车间的周围设有废钢装料间、储存辅助原料的料仓和将辅助原料运送到转炉上方的传送带，还有铁水预处理设备，转炉烟气处理装置以及转炉炉渣处理等多种辅助设备。

6.6　氧气转炉炼钢车间的主要设备

6.6.1　转炉主体设备

炼钢的主要设备包括转炉炉体、炉体支撑装置和炉体倾动设备。国内某厂 300t 转炉总体结构如图 6-4 所示。

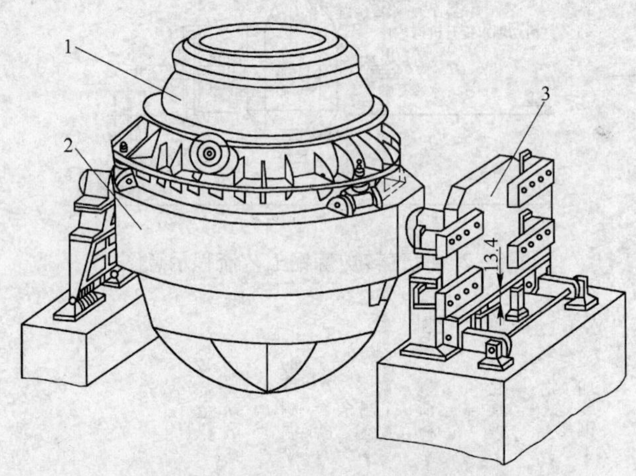

图 6-4　300t 氧气顶吹转炉总体结构

1—转炉；2—支撑装置；3—倾动机构

6.6.2　供氧设备

供氧设备包括供氧系统和氧枪设备。

供氧系统由制氧机、压缩机、储气罐、输氧管道、测量仪、控制阀门、信号连锁等主要设备组成，如图 6-5 所示。

氧枪设备包括氧枪本体、氧枪升降装置和换枪装置。氧枪是由喷头、枪身及尾部结构所组成，如图 6-6 所示。

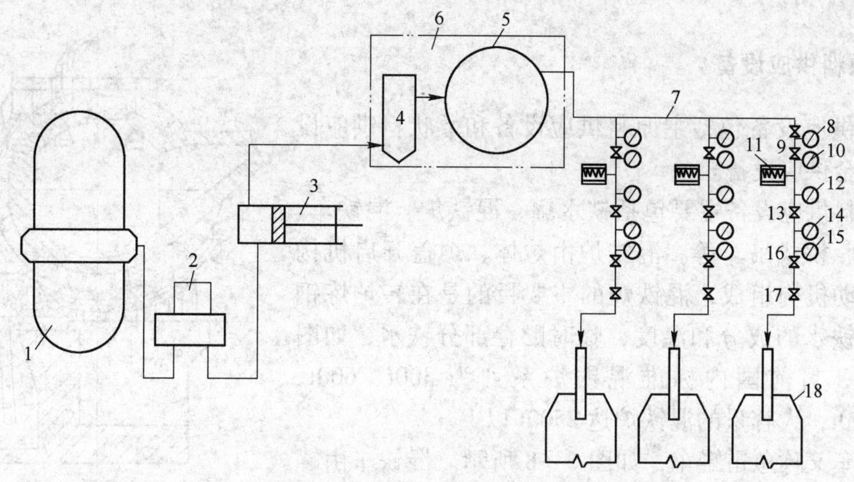

图6-5　供氧系统工艺流程图

1—制氧机；2—低压贮气柜；3—压氧机；4—桶形罐；5—中压贮气罐；6—氧气站；7—输氧总管；8—总管氧压测定点；9—减压阀：10—减压阀后氧压测定点：11—氧气流量测定点；12—氧气温度测定点；13—氧气流量调节阀；14—工作氧压测定点；15—低压信号连锁；16—快速切断阀；17—手动切断阀；18—转炉

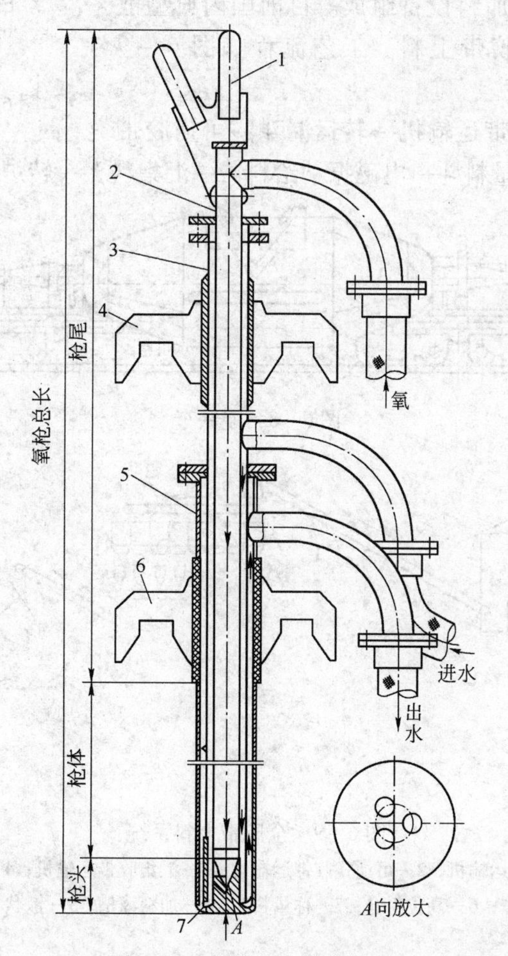

图6-6　氧枪基本结构简图

1—吊环；2—中心管；3—中层管；4—上拖座；5—外层管；6—下拖座；7—喷头

6.6.3　原料供应设备

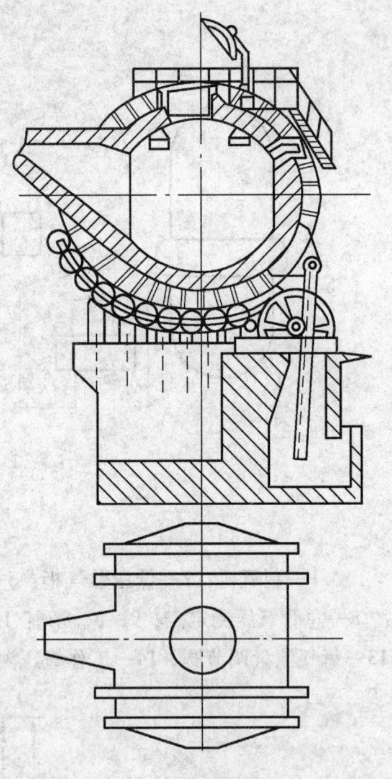

图6－7　混铁炉示意图

原料供应设备包括主原料供应设备和散状料供应设备及铁合金供应设备。

主原料供应设备主要包括铁水罐、混铁炉、混铁车、废钢料车、桥式吊车等。混铁炉由炉体、炉盖开启机构和炉体倾动机构组成，混铁炉的主要目的是在转炉炼钢以前均匀铁水的成分和温度，临时贮存部分铁水，如图6－7所示，目前国内标准混铁炉系列为300t、600t、900t、1300t，大容量的混铁炉达2500t以上。

混铁车又称鱼雷罐车，如图6－8所示。混铁车由罐体、罐体倾动机构和车体三大部分组成。

散状材料供应系统一般由贮存、运送、称量和向转炉加料等几个环节组成。整个系统由存放料仓、运输机械、称量设备和向转炉加料设备组成。目前国内典型散状材料供应方式是全胶带上料。工艺流程如图6－9所示。

低位料仓→固定胶带运输机→转运漏斗→可逆胶带运输机→高位料仓→称量料斗→电磁振动给料器→汇集料斗→转炉。

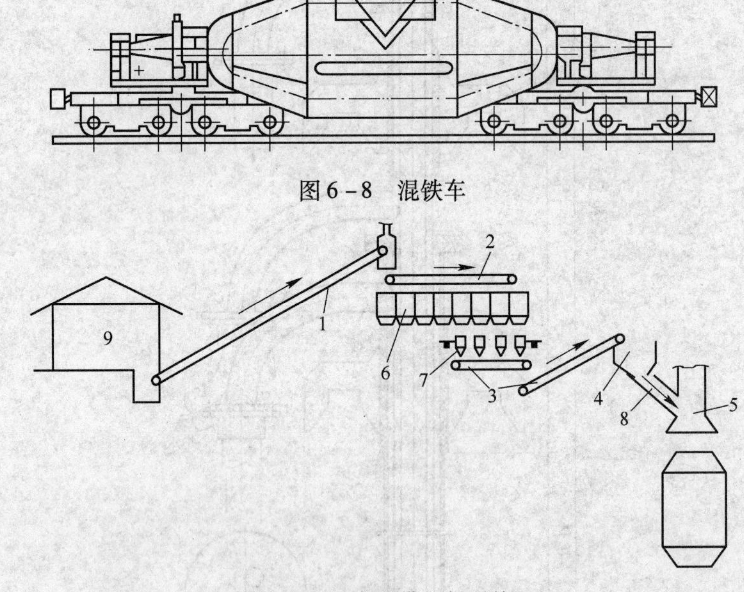

图6－8　混铁车

图6－9　全胶带上料系统

1—固定胶带运输机；2—可逆式胶带运输机；3—汇集胶带运输机；4—汇集料斗；
5—烟罩；6—高位料仓；7—称量料斗；8—加料溜槽；9—散状材料间

这种系统的特点是运输能力大，速度快且可靠，能连续作业，但占地面积大，运料时粉尘大，适合大中型车间。

低位料仓兼有贮存和转运的作用，低位料仓一般布置在主厂房外，布置形式有地上式、地下式和半地下式三种。地下式较为方便，便于火车或汽车在地面上卸料，故采用的较多。邯钢一炼、三炼都属于这种形式。目前大、中型转炉车间，散状材料从低位料仓运输到转炉上的高位料仓，都采用胶带运输机。

高位料仓的作用是临时贮料，保证转炉随时用料的需要。一般高位料仓内贮存1～3天的各种散状材料，石灰容易受潮，在高位料仓内只贮存6～8小时。料仓的布置形式有独用、共用和部分共用三种，如图6－10所示。

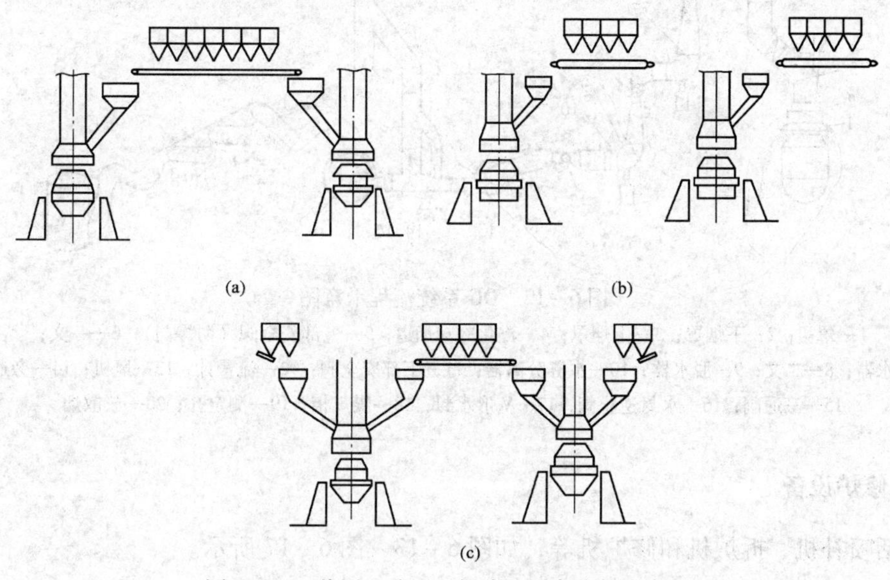

图6－10　共用、独用、部分共用高位料仓布置

（a）共用高位料仓；（b）独用高位料仓；（c）部分共用高位料仓

6.6.4　出渣、出钢和浇铸系统设备

出渣、出钢设备有钢包和钢包运输车（见图6－11）、渣罐和渣罐车，浇铸系统主要为连铸机。

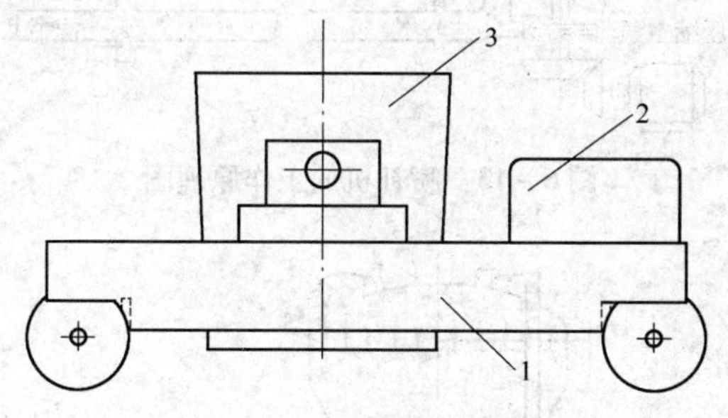

图6－11　钢包车示意图

1—车体；2—电机及减速装置；3—钢包

6.6.5　烟气净化和回收设备

烟气净化设备通常包括：活动烟罩、直烟道、斜烟道、溢流文氏管、可调喉口文氏

管、弯头脱水器和抽风机等。

由于 OG 法技术安全可靠，自动化程度高，综合利用好，目前已成为世界各国广泛应用的转炉烟气处理方法。OG 装置主要由烟气冷却、烟气净化、煤气回收和污水处理等系统组成，如图 6－12 所示。

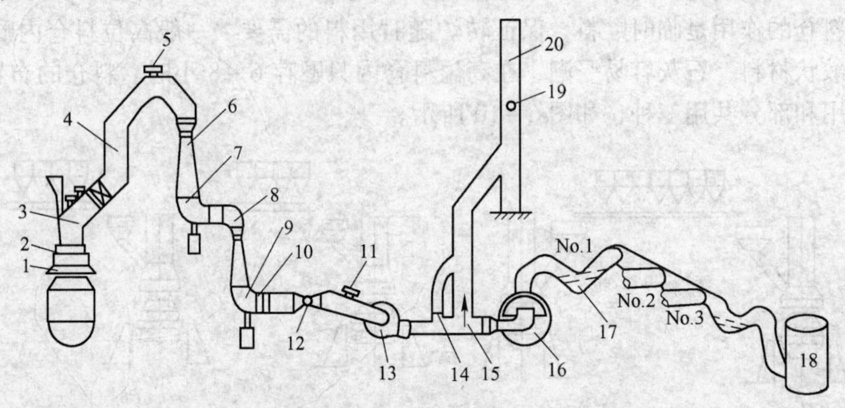

图 6－12 OG 系统流程示意图

1—罩裙；2—下烟罩；3—上烟罩；4—汽化冷却烟道；5—上部安全阀（防爆门）；6—一文；7—脱水器；8—二文；9—脱水器；10—水雾分离器；11—下部安全阀；12—流量计；13—风机；14—旁通阀；15—三通阀；16—水封逆止阀；17—V 形水封；18—煤气柜；19—测定孔；20—放散烟

6.6.6 修炉设备

包括喷补机、拆炉机和修炉机等，如图 6－13～图 6－17 所示。

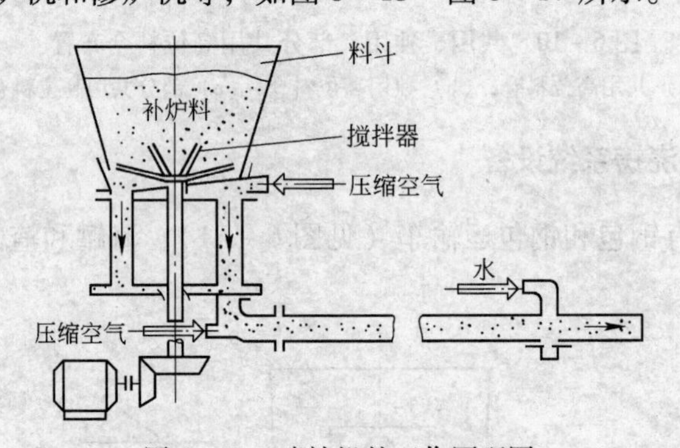

图 6－13 喷补机的工作原理图

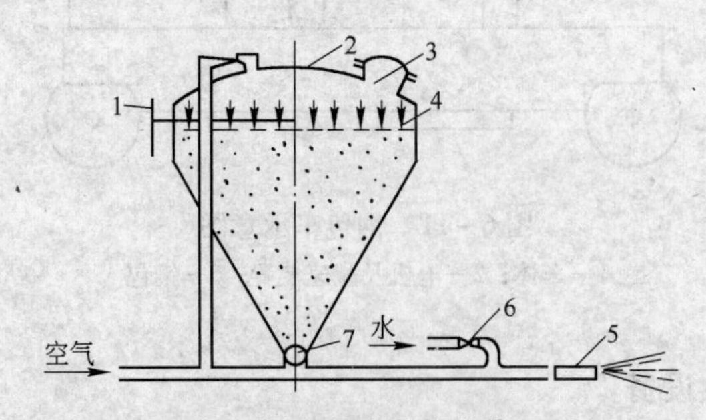

图 6－14 干法热喷补装置

1—手轮；2—密封料罐；3—加料口；4—铁丝网；5—喷嘴；6—供水管；7—给料器

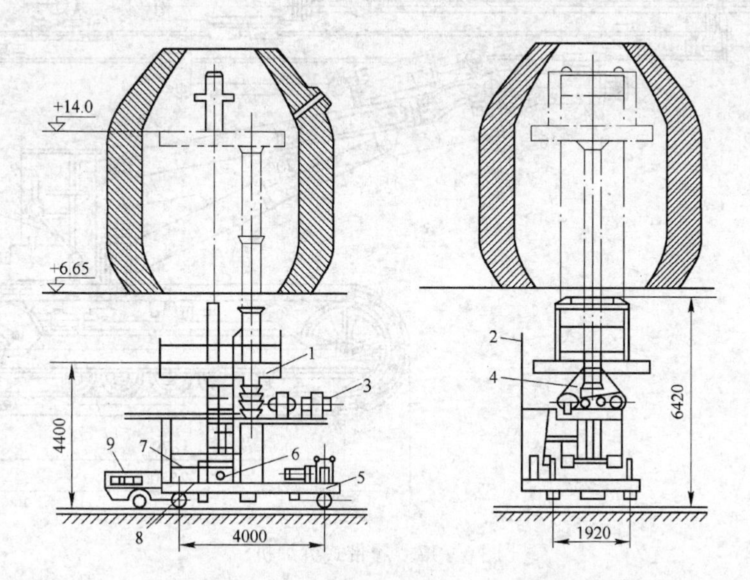

图6-15 套筒式升降修炉车示意图

1—工作平台；2—梯子；3—主驱动装置；4—液压缸；5—支座；
6—送砖台的传送装置；7—送砖台；8—小车；9—装卸机

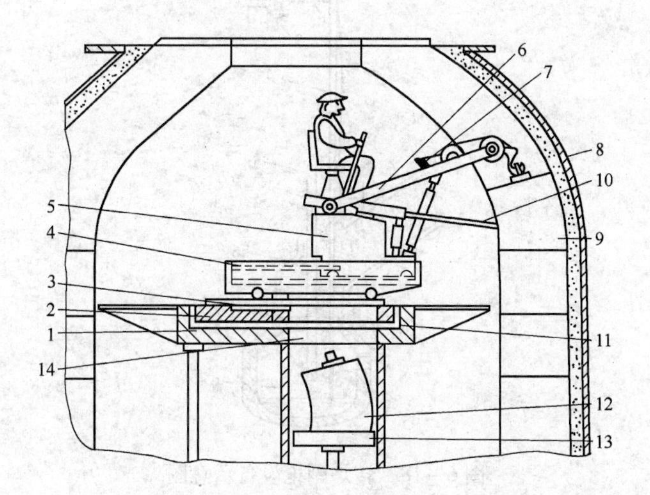

图6-16 带砌砖衬车的修炉机示意图

1—工作平台；2—转盘；3—轨道；4—行走小车；5—砌炉衬车；
6—液压吊车；7—吊钩卷扬；8—炉壳；9—炉衬；
10—砌砖推杆；11—滚珠；12—衬砖；13—衬砖托板；14—衬砖进口

6.6.7 其他辅助设备

近年来许多国家应用电子计算机对冶炼过程进行静态和动态相结合的控制，采用了副枪装置如图6-18所示，为提高钢水质量还采用了真空处理和炉外精炼技术。

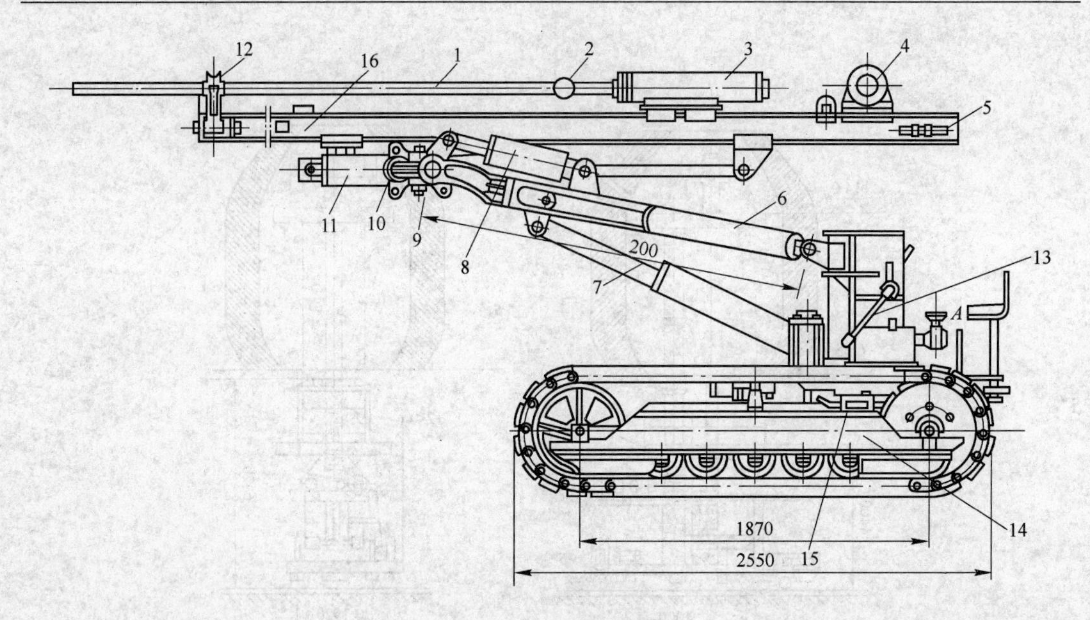

图 6－17　履带式拆炉机

1—钎杆；2—夹钎器；3—冲击器；4—推进风马达；5—链条张紧装置；6—桁架水平摆动油缸；7—桁架俯仰油缸；8—滑架俯仰油缸；9—滑架水平摆动油缸；10—滑架推动油缸；11，16—滑架；12—钎杆导座；13—车架；14—行走装置；15—制动手柄

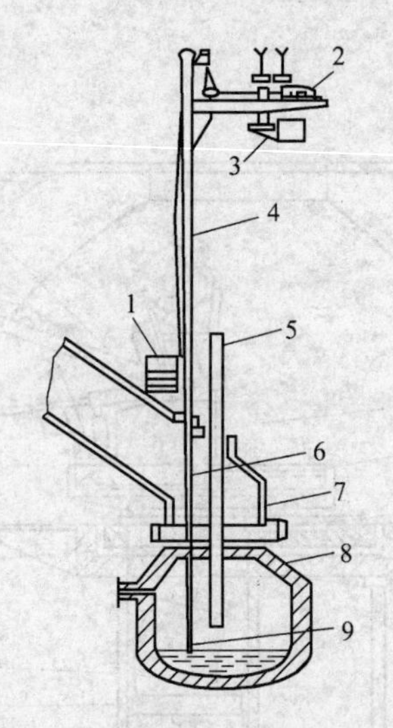

图 6－18　转炉副枪设备示意图

1—探头的装卸装置；2—提升绞车；3—导轨旋转机构；4—副枪导轨；5—氧枪；6—副枪；7—烟气处理烟罩；8—转炉；9—探头

6.7　转炉车间各岗位职责

6.7.1　炉长岗位职责

（1）严格执行工艺技术规程和岗位操作规程。

（2）对本座炉安全、质量、产量、消耗、成本负责。

(3) 负责落实下达给本座炉的生产指令、工作任务。

(4) 负责冶炼过程中的节奏控制、终点控制、脱氧合金化控制。

(5) 负责检查钢包状况、组织出钢、协调脱氧合金化等工作。

(6) 负责对炉衬、出钢口的维护和炉况的观察，对当班炉况负责，并负责本座炉设备点检工作。

(7) 对每一炉钢的出钢时间、终点温度、终点成分、氩后温度（或精炼炉进站温度)、吹氩效果负责。

(8) 负责及时分析本座炉安全、生产、质量、成本存在的问题，并及时采取措施。

(9) 负责监督、指导各岗位操作，并对成品成分或精炼炉进站成分负责。

(10) 负责本岗位生产过程参数的记录。

(11) 负责炉口粘钢渣处理，检查炉口、烟罩、烟道、渣道、氧枪情况。

(12) 负责本岗位纠正和预防措施的落实、检查。

6.7.2 转炉一助手岗位职责

(1) 严格执行工艺技术规程和岗位操作规程。

(2) 负责设备的监控和维护保养。

(3) 负责填写本岗位设备点检，设备给油脂，值班日志，交接班，安全活动等记录。

(4) 负责冶炼过程中的供氧操作、造渣操作、过程和终点温度控制、溅渣护炉。

(5) 负责提供调整装入制度的信息。负责生产过程中炉机匹配、铁水、废钢原料质量情况等信息的联系及反馈。

(6) 负责对室内仪表监护、水系统的监护。

(7) 负责转炉炼钢生产过程中的工艺参数记录。

(8) 负责枪位位置的测定，对氧枪、烟罩粘钢渣负责处理。

(9) 对终渣碱度、终渣氧化性负责，对成品 P、S 负责，对出钢量负责。

6.7.3 转炉二助手岗位职责

(1) 严格执行工艺技术规程和岗位操作规程。

(2) 负责钢水中硅、锰元素的控制。

(3) 负责合金料的准备工作。

(4) 负责出钢过程中的合金化操作，对成品钢加入合金化元素含量负责，负责合金料的称量及出钢过程按钢种要求向钢包内加入合金料，能够准确计算合金料的配加，随时掌握所炼钢种成分控制情况，负责合金料等原料质量信息的反馈。

(5) 负责设备的监控和维护保养。

6.7.4 炉前工岗位职责

(1) 负责终点钢水的测温、取样、送样化验工作，并及时将化验结果通知炼钢工。

(2) 负责测温系统的检查，确保测温准确。准备并保管好炉前使用的工具：测温头、取样器等。

(3) 负责钢水吹氩处理及氩前、氩后的测温工作。

（4）负责协助本小组其他岗位人员进行称量合金料、推合金料、向钢包内加合金料及补炉准备等工作。

（5）负责加挡渣球，堵出钢口。负责转炉炉口清理工作，负责补炉原料及工具的准备工作。协调一助手对氧枪、烟罩黏钢渣处理。

6.7.5　兑铁工岗位职责

（1）监督检查每包入炉铁水的重量是否符合要求，并根据当班炉子的生产情况，合理指挥天车进行兑铁水、废钢操作。

（2）指挥兑铁操作时，站位准确，手势清楚，指令明确，并按要求进行兑铁，对洒铁水负责。

（3）负责加料跨天车的协调。

（4）负责信息传递，即把铁水成分（主要S含量）及时通知炼钢工、摇炉工。

（5）负责检查有关吊具及包是否符合要求，否则要采取有效措施处理，做到安全生产。

6.7.6　砌炉工岗位职责

（1）负责保质保量地完成当班布置的砌炉、拆炉或补炉等工作任务，对开新炉发生漏炉事故负有一定的责任。

（2）负责砌炉用的各种耐火材料的准备、现场摆放及砌炉、拆炉（或补炉）后的现场卫生清扫工作。

（3）非砌炉期间，配合保炉队进行补炉工作。

（4）负责准备好砌炉用的备件、工具，并保管好。

6.8　转炉炼钢安全操作规程实例

（1）凡进入岗位的人员，应首先接受厂、车间、班组三级安全教育，经考试合格后由熟练工人带领工作，直到熟悉本工种操作技术并经考试合格方可独立工作。

（2）工作前要检查工具、机具、吊具等，确保一切用具安全可靠。

（3）各操作人员对本岗位操作按钮和阀门确认正常后，方可操作。

（4）指挥天车时，必须专人指挥，指挥手势要清楚，并配用通讯工具指挥，指挥者要站到司机看得清的地方，并注意自身保护。

（5）任何人不准在吊车所吊重物下站立、通过或工作。

（6）吊挂物必须牢固，确认超过地面或设备等有一定安全距离之后方可指挥运行。

（7）挂铁水罐、铁水包、钢包及废物斗、渣斗时必须检查两侧耳轴，确认挂好后，方能指挥起吊。

（8）放钢包时，要将坐架卡人支架卡槽内，确认坐好后方可摘钩。

（9）严禁废钢斗外悬挂废钢等重物通过炉前平台。

（10）各人行通道必须畅通，不得放其他物品，妨碍通行。

（11）铁水包和钢水包中液面要低于包沿300mm。

（12）高氧区不准抽烟或携带火种，煤气区任何人员不准停留或穿行，作业时必须有安全防护措施，氧气、煤气管道附近禁止堆放易燃易爆物品。

(13) 在煤气区域工作时，必须两人以上同行，必须携带煤气报警仪。

(14) 使用煤氧枪时，先检查各接头，确保牢固不漏气，应先点火种再开煤气，然后开氧气。关闭时应先关氧气，后关煤气。

(15) 交接班时，接班者未经交班者允许，不得操作任何设备。

(16) 所有炼钢用的包、坑池、膜、斗等不得有水、冰雪或堆放潮湿物品。

(17) 消防器材设专人负责保管，严禁挪用，不得丢失或损坏。

(18) 无论何处作业，都要注意本区的安全标志，并严格遵照执行。

(19) 转炉壳、炉子护板、溜渣板和精炼炉顶盖及转炉精炼炉下基础墙壁，应经常清理粘渣，粘渣厚度不得超过100mm，以防脱落伤人。

6.9 转炉炼钢技术操作规程实例

6.9.1 Q235A/B 钢工艺操作规程

(1) 工艺流程：转炉→精炼（吹氩）→大板坯连铸→切割→热送（精整）→中板厂

(2) 原料技术要求：

1) 兑铁前必须取铁样分析，铁水 w（S）≤0.040%。

2) 准备硅锰、硅铁、硅铝钡，增碳剂，要求合金干净、干燥。

(3) 转炉：

1) 化学成分（GB/T 1591—94）见表 6-1。

表 6-1 化学成分（质量分数） (%)

牌 号	C	Si	Mn	P	S
Q235A	0.14~0.22	0.12~0.30	0.30~0.70	≤0.045	≤0.050
Q235B	0.12~0.20	0.12~0.30	0.30~0.70	≤0.045	≤0.050
目标	0.15~0.18	0.15~0.25	0.35~0.40	≤0.030	≤0.035

2) 钢种液相线温度。T_1 = 1521℃。

3) 装入量。铁水103t、废钢10t、铁块12t。

4) 冶炼控制：

①提倡一次倒炉，必要时可以补吹，但补吹次数不要多于1次，确保C-T协调出钢。

②终点目标：w（C）0.08%~0.015%；w（P）≤0.025%

③出钢温度：第一炉　1680~1700℃

　　　　　　连拉炉　1660~1680℃

5) 脱氧合金化、出钢：

①采用硅锰铁、硅铁和硅铝钡脱氧合金化。

②锰的回收率按85%~90%、硅的回收率按80%~85%。

③参考加入量：硅锰按5.1kg/（t·s）、硅铁按1.9kg/（t·s）、硅铝钡按0.6~1.0kg/（t·s）配加。

6）出钢：

①钢包采用干净的红热周转包，严禁使用新包。

②出钢前堵挡渣塞，出钢 3/4 ~ 4/5 时加挡渣锥，要求钢包渣层厚度小于 80mm。

③脱氧合金化次序：当钢水出至 1/4 后，顺序加入硅锰→硅铁→硅铝钡。

④出钢口要维护好，保证钢流圆整，出钢时间不小于 3min。

⑤出钢过程中钢包要底吹氩操作。

6.9.2 20MnSi 钢冶炼、浇铸操作要点

（1）工艺流程：转炉→LF 精炼→矩坯连铸→切割检验→外发

（2）原料技术要求：

1）兑铁前必须取铁样分析，铁水［S］≤0.050%。

2）准备硅锰铁、高碳锰铁、硅铁合金，要求合金干净、干燥。

（3）转炉操作：

1）化学成分，见表 6 – 2。

表 6 – 2 化学成分（质量分数） （%）

牌 号	C	Si	Mn	P	S
HRB335	0.17 ~ 0.25	0.40 ~ 0.80	1.20 ~ 1.60	≤0.045	≤0.045
内控	0.17 ~ 0.23	0.45 ~ 0.55	1.30 ~ 1.50	≤0.035	≤0.030

2）钢种的液相线温度。$T = 1505℃$

3）冶炼操作要点。开新炉前 10 炉、大补炉后第一炉及生产暂停时间大于 6h 不得冶炼此钢种。

造渣制度：造渣采用单渣操作，要保证早化渣、化好渣、中期不返干，终渣碱度按 2.8 ~ 3.2 控制。

4）终点控制。采用高拉补吹法操作，高拉倒炉目标 w（C）= 0.20% ~ 0.30%，w（P）≤0.025% $T = 1650 \sim 1670℃$

终点目标：w（C）= 0.10% ~ 0.15%；w（P）≤0.025%

出钢温度：第一炉 1690 ~ 1710℃

连拉炉 1670 ~ 1690℃

5）脱氧合金化、出钢。采用硅锰铁、高碳锰铁、硅铁脱氧合金化，锰的回收率按 90% ~ 95%、硅的回收率 80% ~ 85%。脱氧合金化的顺序：当出钢至 1/5 后，顺序加入高碳锰铁、硅锰铁、硅铁、增炭剂。

参考加入量：硅锰 14kg/t 钢、高碳锰铁 9kg/t 钢、硅铁 4.5kg/t 钢，合金增碳约 0.06%。终点碳低时可加增碳剂，碳的回收率按 90%。出钢过程中钢包要底吹氩操作。

复习思考题

6 – 1 转炉炼钢的基本任务是什么？

6－2　转炉炼钢如何分类？

6－3　叙述转炉的生产工艺操作过程？

6－4　转炉车间的主要设备有哪些？

6－5　转炉车间都有哪些岗位，职责是什么？

6－6　转炉车间操作应注意哪些安全问题？

6－7　举例说明转炉炼钢生产工艺技术操作规程？

7 炉外精炼

7.1 炉外精炼技术的概念

所谓炉外精炼，就是按传统工艺，将在常规炼钢炉中完成的精炼任务，如去除杂质(包括不需要的元素、气体和夹杂物)、调整及均匀化成分和温度等任务，部分或全部地移到钢包或其他容器中进行，为得到比初炼更高的生产率、更高的质量而进行的冶金操作，也称为“二次精炼”或“钢包冶金”。

炉外精炼把传统的炼钢方法分为两步，即“初炼”加“精炼”。初炼是在氧化性气氛下进行炉料熔化、脱磷、脱碳和主合金化；精炼是在真空、惰性气氛或可控气氛的条件下进行脱氧、脱硫、去除夹杂和夹杂变性、调整成分（微合金化)、控制钢水温度等。

7.2 炉外精炼技术的任务以及手段

在现代化钢铁生产流程中，炉外精炼的任务主要是：

(1) 承担初炼炉原有的部分精炼功能，在最佳的热力学和动力学条件下完成部分炼钢反应，提高单体设备的生产能力。

(2) 均匀钢水，精确控制钢种成分。

(3) 精确控制钢水温度，适应连铸生产的要求。

(4) 进一步提高钢水纯净度，控制夹杂物形态，满足成品钢材性能要求。

(5) 作为炼钢与连铸间的缓冲，提高炼钢车间整体效率。

为完成上述任务可采取真空处理，吹氩或电磁搅拌，加合金、喷粉或喂线，加热或加冷料调整温度以及造渣处理等手段。可根据不同的目的选用一种或几种手段组合的炉外精炼技术，完成精炼任务。

7.2.1 真空

真空是炉外精炼中广泛应用的一种手段。在真空科学中，真空的含义是指在给定的空间内低于一个大气压力的气体状态。在工程应用上，真空是指在给定的空间内，气体分子的密度低于该地区内大气压气体分子密度的状态，是指稀薄的气体状态，一般分为低真空、中真空、高真空、超高真空以及极高真空几种状态。冶金行业生产过程中所使用的真空状态为低真空状态。

目前被使用的炉外精炼方法中，将近有2/3配有真空装置。要获得真空状态，只有靠真空泵对某一给定容器抽真空才能实现。按照热力学分析，真空将对有气相参加而且反应前后气相分子数不等的反应产生影响。真空促使反应向生成气相的方向移动。在当前选用真空手段的各种炉外精炼方法中，最高的真空度通常有几十帕，所以炉外精炼的真空只对钢液的脱气、用碳脱氧、超低碳钢种的脱碳等反应产生影响。尽管真空度不算太高，但对促进炉外精炼的一些反应已是足够了。由于具备真空手段的各种炉外精炼方法，其工作压力均大于50Pa，所以炉外精炼所应用的真空只对脱气、脱氧、脱碳等反应产生较为明显的影响。

使用真空处理的目的包括：脱除氢和氧，并将氮气含量降至较低范围；去除非金属夹杂物，改善钢水的清洁度；生产超低碳钢；使一种元素比其他元素优先氧化（如碳优先于铬）；控制浇铸温度等。

7.2.2 搅拌

搅拌就是向流体系统中供应能量，使该系统内产生运动。炼钢过程中进行搅拌有利于反应物的接触、产物的迅速排出，也利于钢水成分和温度的均匀化。搅拌的方法主要包括机械搅拌、吹氩搅拌和电磁搅拌等三种，而吹氩搅拌和电磁搅拌是现代炉外精炼常用的手段。

7.2.2.1 吹氩搅拌

氩气是惰性气体，吹入钢水内后既不参与化学反应，也不溶解，是进行气体搅拌钢液的最佳选择。吹氩搅拌是利用氩气泡上浮抽引钢水流动达到搅拌的目的。

氩气泡在上浮过程中剧烈地搅拌钢水，均匀成分和温度，促使夹杂物的上浮排除。尤其是对固态夹杂物（如Al_2O_3）的上浮作用更为显著，因为固态夹杂物与钢水间的界面张力大，容易被氩气泡黏附，氩气泡上浮产生的激烈搅拌增加了氩气泡黏附夹杂物的机会，从而有效地促进夹杂物的上浮。

钢包吹氩也可以促进碳氧反应，氩气泡表面为碳氧反应提供了形核条件，生成的CO向氩气泡内扩散，使钢水进一步脱氧。另外，吹入的氩气在钢水表面把空气隔离，可进一步避免或减少钢液的二次氧化，起到保护作用。

氩气吹入钢水中形成大量细小气泡，在氩气泡内氮气和氢气等有害气体的分压几乎为零，相当于一个小真空室。因此，吹氩过程中，可脱除钢水中部分有害气体。但吹氩过程会降低钢水温度，所以吹氩时间不宜过长，脱气效果有限。

钢包吹氩是通过钢包或精炼炉底部的透气砖，或从钢包上方插入吹氩枪导入氩气的，这两种吹氩方式分别称为底吹氩和顶吹氩。底吹氩的精炼效果较顶吹氩效果好，可以全程吹氩，操作方便，可以配合其他的精炼手段，但是设备投资费用稍高，且对透气砖的质量要求较高。透气砖除有一定透气性外，还必须能承受钢水的冲刷，具有良好的高温强度和耐急冷急热性能，透气砖一般使用刚玉材料。顶吹氩只用来作为备用方式，事故处理时使用。

钢包吹氩搅拌精炼应根据钢液和熔炼状态、精炼目的、出钢量等选择合适的吹氩工艺参数，如氩气耗量、吹氩压力、流量与吹氩时间及气泡大小等。

7.2.2.2 电磁搅拌

当磁场以一定速度切割钢水导体时，钢水中产生感应电流，载流钢水与磁场相互作用产生电磁力，从而驱动钢水运动。利用电磁感应的原理使钢液产生运动称为电磁搅拌。由电磁感应搅拌线圈产生的磁场可在钢水中产生搅拌作用。

搅拌手段可以均匀成分和温度，促进夹杂物的上浮，提高钢液洁净度。这些方法可提高工艺的安全性、可靠性，且调整和操作灵活。由于感应电流在钢水中形成的涡流产生了热量，因此电磁搅拌还具有一定的保温作用。但是，靠近电磁感应搅拌线圈的部分钢包壳应由奥氏体不锈钢等无磁性的钢材制造。

7.2.3 成分调整

炉外精炼可用加块状合金、喷粉或喂线等方式调整钢水成分、改善夹杂物形态。

7.2.3.1 加块状合金

在精炼炉内加合金块，操作方便并且可以保证成分的均匀性。此外，对于采用氧化法加热的精炼方式，加铝还起发热剂作用。加入的合金应干燥，成分稳定，块度均匀。但是在精炼过程中以块状形式把铁合金加入到钢包中微调成分，其收得率低，成分控制准确度差，容易出现钢水成分不合格的废品。

7.2.3.2 喷粉

喷粉精炼，是根据流化态和气力传输原理，用氩气或其他的气体作载体，将不同类型的粉剂喷入钢水或铁水中进行精炼的一种冶金方法，一般称之为喷射冶金或喷粉冶金。

喷粉不仅可以调节钢水成分，而且可以改善夹杂物形态。此外，也可以向钢水喷入CaO及CaC_2粉剂，达到脱硫目的。喷粉装置一般是将合金或脱硫材料制成粒径在0.1mm以下的粉剂，以惰性气体为载体送入钢水中，也可以将吹氩搅拌与喷粉结合进行。喷粉与吹氩一样有顶吹和底吹两种方式。载流流量可通过气压加以调节，既要防止气流过强造成钢水液面裸露，也要防止气流过小带不动粉剂。

7.2.3.3 喂线

喷射冶金对粉剂的制备、运输、防潮、防爆等要求严格，而且喷粉存在着钢水增氢、温降大等缺点。为此研究出喂线法（Wire Feeding，即WF法），即合金芯线处理技术。Ca-Si合金、Fe-RE、Fe-B、Fe-Ti、铝等合金或添加剂均可制成粉剂，用0.2~0.3mm厚的低碳薄带钢包裹起来，制成断面为圆形或矩形的包芯线，通过喂线机将包芯线喂入钢水深处，钢水的静压力抑制了易挥发元素的沸腾，使之在钢水中进行脱氧、脱硫、夹杂物变性处理和合金化。喂线在添加易氧化元素、调整成分、减少设备投资、简化操作、提高经济效益和保护环境等方面比喷粉法更为优越。

7.2.4 温度调整

钢水精炼结果必须要保证满足连续铸钢要求的合适的温度范围，然而在精炼过程中温度随时间和精炼操作不断变化，比如：钢液从初炼炉到精炼过程钢液温降；熔化造渣材料和合金材料造成温降；真空脱气和吹氩搅拌造成温降；吹氧脱碳造成升温；添加某些合金材料造成升温等。因此，在精炼过程中，必须对精炼钢水进行必要的温度调整。

7.2.4.1 升温方法

钢水加热升温的方法很多，包括燃料燃烧加热、电阻加热、电弧加热、化学加热、电渣加热、感应加热等。炉外精炼加热要求升温速度快，对钢水无污染，成本低。符合这些要求的加热方法不多，目前炉外精炼常用的加热方法有电弧加热法和化学加热法。

（1）电弧加热法。电弧加热法与电弧炉加热的原理相同，采用石墨电极埋在熔渣中间，利用它产生的电弧加热钢水，从而达到升温的目的。电弧加热分为直流电弧加热和交流电弧加热两种方法，常用三相交流电通过三根电极进行加热。

（2）化学加热法。化学加热法是把铝等发热剂加入到钢水中，同时吹氧使之氧化，放出的热量加热钢水，达到升温的目的。也可在出钢时将 C、Si 含量控制在适当高的范围，在真空条件下进行吹氧，靠 C、Si 氧化放出的热量升温。

一般在化学加热法中多采用顶吹氧枪，常见吹氧枪为消耗型，用双层不锈钢管组成。外衬高铝耐火材料（$w(Al_2O_3) \geqslant 90\%$），套管间隙一般为 2～3mm。外管通以氩气冷却，氩气量大约占氧量的 10% 左右。

发热剂主要有两大类，一类是金属发热剂，如铝、硅、锰等；另一类是合金发热剂，如 Si－Fe、Si－Al、Si－Ba－Ca、Si－Ca 等。铝、硅是首选的发热剂。发热剂的加入方式，一般采用一次加入或分批加入或连续加入，而连续加入方式优于其他方式。

7.2.4.2 降温方法

当钢水温度过高时，可在精炼炉内加入部分清洁小块废钢加以调节。废钢加入后应注意加强搅拌，防止成分、温度的不均匀，必要时补加部分合金。此外，适当延长吹氩时间也可以降低钢水温度。

7.2.4.3 保温方法

精炼结束后需要吊包浇注，为了在运输过程中减少钢水温降，往往在冶炼结束后在钢包内加入一定量的保温剂，或者采用钢包加盖等措施，以减少热量散失，保证在较低温度下出钢。

7.2.5 造渣

为了在炉外精炼时完成脱硫和脱氧任务，可采用造渣手段。通过控制和调整渣子的成分、碱度、流动性、发泡性等工艺参数来完成钢水精炼的任务。为了达到精炼钢液的目的，合成渣必须具有较高的碱度、高还原性、低熔点和良好的流动性；此外要具有合适的密度、扩散系数、表面张力和导电性等。

所谓合成渣洗就是由炼钢炉初炼的钢水再在盛钢桶内通过钢液对合成渣的冲洗进一步提高钢水质量的一种炉外精炼方法。合成渣有固态渣和液态渣，一般电炉钢水多用液态合成渣、转炉钢水多用固态合成渣。根据合成渣炼制的方式不同，渣洗工艺可分为异炉渣洗和同炉渣洗。所谓异炉渣洗就是设置专用的炼渣炉（一般使用电弧炉），将配比一定的渣料炼制成具有一定温度、成分和冶金性质的液渣，出钢时钢液冲进事先盛有这种液渣的钢包内，实现渣洗。同炉渣洗就是渣洗的液渣和钢液在同一座炉内炼制，并使液渣具有合成渣的成分与性质，然后通过出钢最终完成渣洗钢液的任务。

合成渣洗过程：出钢前将准备好的合成渣倒入盛钢桶内并移至炼钢炉下，在出钢过程中，钢液流冲击合成渣，充分搅拌，使钢液与合成渣充分接触，使钢液得到渣洗。钢流有一定的高度（混冲高度一般为 3～4m）和速度，钢水很快出净，因此钢水有一定的冲击力，能使钢－渣充分搅拌接触。

7.3　炉外精炼技术的方法

炉外精炼的每种手段是为了完成某项精炼任务而开发出来的。随着炉外精炼技术的发展，冶炼任务的要求也越来越高，冶金工作者根据完成的目标不同，将这5种精炼手段有目的地组合在一起，形成了各式各样的精炼方法。目前使用的炉外精炼方法有四十多种，图7－1为各类精炼方法的示意图以及其使用的精炼手段。典型精炼方式的选择可参考表7－1。

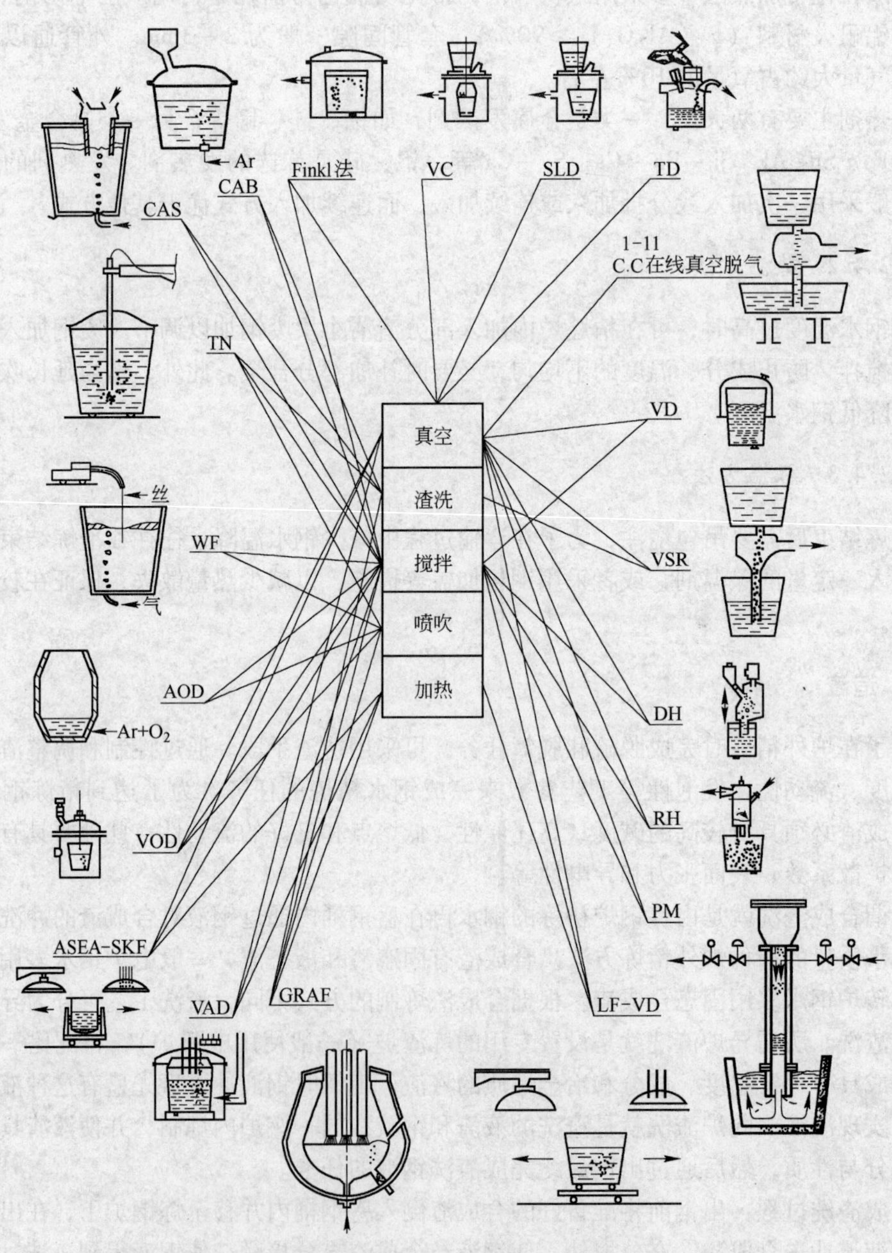

图7－1　各种炉外精炼方法示意图

表 7-1 炉外精炼方法所采用的方式与目的

名称	精炼手段				主要冶金功能								
	造渣	真空	搅拌	喷吹	加热	脱气	脱氧	去除夹杂	控制夹杂物性态	脱硫	合金化	调温	脱碳
钢包吹氩			√					√				√	
CAB	+		√				√	√		+	√		
DH		√				√							
RH		√				√							
LF	+	○	√		√	○	√	√		+	√	√	
ASEA-SKF	+	√	√	+	√	√	√	√		+	√	√	+
VAD	+	√	√	+	√	√	√	√		+	√	√	+
CAS-OB			√	√	√		√	√			√	√	
VOD		√	√	√		√	√	√					√
RH-OB		√		√		√							√
AOD				√		√							√
TN				√			√			√			
SL				√			√		√	√	√		
喂线							√		√	√	√		
合成渣洗	√		√				√	√	√	√			

注：符号“+”表示在添加其他设施后可以取得更好的冶金功能；“○”表示 LF 增设真空装置后称为 LF-VD，具有与 ASEA-SKF 相同的精炼功能。

炉外精炼方法按精炼原理分为真空脱气法、非真空精炼法和其他精炼方法。

真空脱气法是指在精炼过程中通过真空设备使钢液处于真空环境内达到脱气精炼目的的一系列方法，主要有：液面脱气法、滴流脱气法、真空循环脱气法（RH）和真空提升脱气法（DH）等。此外，也有在真空精炼的同时还配有其他手段的炉外精炼设备，如真空精炼炉（VAD）、真空吹氧精炼炉（VOD）、桶式精炼炉（ASEA-SKF）、钢包精炼炉（LFV）等。真空精炼法是目前世界上运用较多的炉外精炼方法。

非真空精炼法又称气体稀释法，它们的共同特点是在常压条件下，设有吹气装置。主要有氩氧脱碳法（AOD）、汽氧脱碳法（CLU）、钢包吹氩法、罩式吹氩吹氧法（CAS-OB）等。

其他精炼法主要有渣洗、喷粉、喂线法等。

需要指出的是现代炉外精炼方法的分类已经没有明显的界线了。一种全面的精炼方法必须将各种精炼手段综合在一起才能达到冶炼高质量钢种的目的。

7.4 典型工艺介绍

7.4.1 LF 法工艺介绍

7.4.1.1 概述

LF 是 Ladle Furnace（钢包炉）的缩写，由日本大同钢铁公司大森钢厂于 1971 年开发的，开发初意是把EAF中的还原操作移到钢包中进行，是一种利用钢包对钢水进行炉外精炼的设备，有时也称为日本式钢包炉精炼法。

LF炉实际就是电弧炉的一种特殊形式，它是在非氧化性气氛下，通过电弧加热、包底吹氩搅拌，造高碱度还原渣，进行钢液的脱氧、脱硫、合金化等冶金反应，以精炼钢液。为了使钢液与精炼渣充分接触，强化精炼反应，去除夹杂，促进钢液温度和合金成分的均匀化。LF法的主要任务是：脱硫、造渣、温度调节、精确的成分微调、改善钢水纯净度。

7.4.1.2　原理与功能

LF法的工作原理如图7－2所示。将初炼炉内熔炼的钢水送入钢包，钢包到站后被移至精炼工位，加入合成渣料造高碱度合成渣，降下石墨电极插入熔渣层中对钢水进行埋弧加热，补偿精炼过程中的温降，同时用氩气搅拌，使钢包内保持强还原性气氛，进行所谓埋弧精炼。

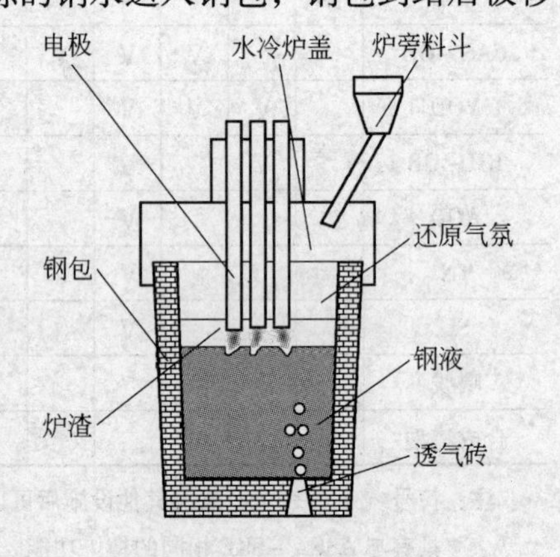

图7－2　LF法原理图

LF钢包精炼炉可供初炼炉（电弧炉、中频炉、AOD炉、转炉）钢水精炼、保温之用，是满足优质钢、特种钢生产和连铸、连轧的重要冶金设备，可对钢液实施升温、脱氧、脱硫、合金化、测温取样、均匀钢液成分和温度，提高质量（纯净度）。具体功能包括：

（1）电弧加热升温。

（2）钢水成分微调（主要的合金化在转炉出钢过程中加入钢包并将其成分控制在钢种要求的下限。钢包精炼炉再根据需要加入少量合金进行微调，而且少量易氧化的合金也主要在钢包精炼炉添加调整）。

（3）脱硫、脱氧、去气、去除夹杂（需要强调的是，为了取得较好的脱硫效果，在脱硫前必须先对钢水进行脱氧，使钢中含氧降到较低水平）。

（4）均匀钢水成分和温度。

（5）改变夹杂物的形态。

（6）作为转炉、连铸的缓冲设备，保证转炉、连铸匹配生产，实现多炉连浇。

图7－3展示了LF炉的精炼功能。

7.4.1.3　设备

LF炉其实就是一种简单的电弧炉，以石墨电极与钢水之间产生的电弧热为热源，按电极加热方式分为交流钢包炉和直流钢包炉（小于50t）。直流钢包炉包括单电极直流钢包、双电极直流钢包、三电极直流电弧电渣钢包。目前国内基本上是用交流钢包炉，我们在这里讲的LF炉单指三电极交流钢包炉。

LF炉系统主要由以下部分组成：加热电力系统、钢包、吹气系统、测温取样系统、控制系统、合金料和合成渣料添加装置、适应一些初炼炉需要的扒渣工位、适应一些低硫及超低硫钢种需要的喷粉工位、适应脱气钢种需要的真空工位、用于较大炉体的水冷系统。LF 设备如图 7－4 所示。

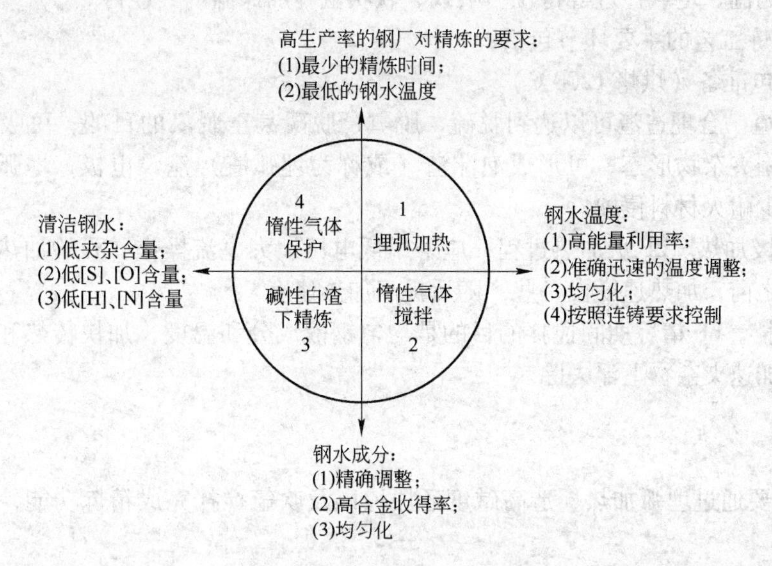

图 7－3 LF 炉精炼功能图

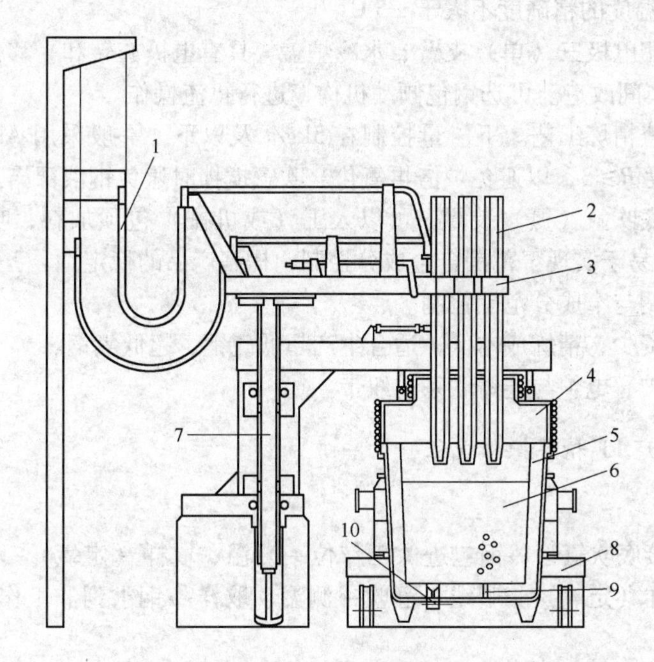

图 7－4 LF 设备示意图

1—软电缆；2—电极；3—电极夹持器；4—炉盖；5—钢包；6—钢水；
7—电极升降装置；8—钢包车；9—透气砖；10—滑动水口

7.4.1.4 工艺流程

LF 的工艺制度与操作因各钢厂及钢种的不同而多种多样。LF 一般工艺流程为：初炼炉（转炉或电弧炉）挡渣（或无渣）出钢→同时预吹氩、加脱氧剂、增碳剂、造渣材料、合金料→钢包进准备位→测温→进加热位→测温、定氧、取样→加热、造渣→加合金调成分→取样、测温、定氧→进等待位→喂线、软吹氩→加保温剂→连铸。

LF 炉精炼工艺的主要环节包括：

（1）钢包准备（烘烤1200℃）。

（2）造渣。合理造渣可以达到脱硫、脱氧、脱磷甚至脱氮的目的；可吸收钢液中的夹杂物并控制夹杂物形态；可形成泡沫渣（或称为埋弧渣）淹没电极，埋弧加热，提高热效率，减少耐火材料侵蚀。

（3）电极加热。LF 炉加热过程，应采用低电压、大电流操作。开始加热时，炉渣尚未熔化完全之前，加热速度慢一些，随后提高加热速度。

（4）搅拌。LF 精炼期间搅拌的目的是均匀钢液成分和温度，加快传热和传质；强化钢渣反应；加速夹杂物上浮去除。

7.4.1.5　优点

LF 法主要通过埋弧加热、造高碱度还原渣以及吹氩搅拌完成精炼功能，具有以下生产工艺优点：

（1）加热与控温。LF 采用电弧加热，热效率高，钢水平均升温 1℃，耗电 0.5 ~ 0.8kW · h，终点温度的精确度不大于 ±5℃。

（2）采用三相电极三（单）支臂、水冷炉盖，具有电极旋转和平移钢包车两种结构，占地少，适于旧车间改造。可选钢包倾动机构，进行扒渣操作。

（3）采用白渣精炼工艺。下渣量控制在 5kg/t 及以下，一般采用 $Al_2O_3-CaO-SiO_2$ 系炉渣，包渣碱度 $R\geqslant3$，以避免炉渣再氧化。吹氩搅拌时避免钢液裸露。

（4）具有包底吹氩（氮）装置，可以人工（或机械）包顶加料，吹氧（辅助脱碳、脱磷），吹氩搅拌易于实现窄范围合金成分控制，提高产品的稳定性。

（5）合金微调与窄成分范围控制。

（6）设备投资少，精炼成本低，适合生产超低硫钢、超低氧钢。

（7）现代转炉、电炉与连铸联系的纽带。

7.4.1.6　某厂 LF 精炼操作规程

A　工艺流程

钢水进站→接底吹氩管→钢包进入工作位→测温、取样（定氧）→加热、造渣→调成分→测温、取样（定氧）→喂线→静吹→测温、取样→钢水到非工作位→加保温剂→吊包→连铸

B　主要原料技术条件

（1）石灰。化学成分要求：执行公司原材料技术标准；要求纯净，在仓内储存不超过3天；粒度要求：5 ~ 45mm。

（2）萤石。化学成分要求：执行公司原材料技术标准；杂质小于 5%；粒度要求：5 ~ 20mm。

（3）合成渣、预熔精炼渣。化学成分要求：执行公司原材料技术标准；粒度要求：5 ~ 20mm。

（4）铁合金。合金粒度：10～30mm；合金料必须按成分、品种分类存放，合金称量准确。

（5）平台备料：铝粉、硅铁粉、增碳剂及所需金属料等。

C 精炼正常工作条件

（1）钢包条件：底吹透气砖检验合格，其他部位可正常工作；钢包洁净，无包沿；正常周转包，红包出钢。

（2）对转炉出钢的要求：经"LF"处理的钢种出钢后钢包净空不小于350mm；转炉出钢后采取挡渣出钢，要求钢包内渣层厚度不大于70mm；转炉出钢后，到"LF"的温度应符合温度制度要求；转炉出钢后，钢水合金成分控制在国标中限以下；C含量低于所炼钢种下限；P含量低于上限0.007%；S含量不得高于成品上限0.040%；转炉出钢到1/4～1/3时，按钢种要求，加入石灰400～500kg和合成渣（低碳低硅钢种使用预熔精炼渣）200～300kg，进行预造渣。

（3）"LF"炉的水冷系统无报警（温度、流量）。

（4）变压器的冷却系统无报警（温度、流量）。

（5）电极升降系统无报警，炉盖在低位，钢包车到工作位。

（6）"LF"炉的液压系统无报警。

（7）"LF"炉的气动系统无报警。

D 精炼工艺及制度

a 电极接长及更换

在工作中，电极臂以下任意两根电极的长度差超过150mm时，需调节电极，使电极臂以下的长度相等，电极的下端处于同一端面上，当三相电极中的任意一相没有调整的余量时（电极臂以上长度小于300mm），需要更换电极。

电极更换：用悬臂吊或天车吊住电极尾部提升塞头的吊环，然后松开该相电极的把持系统，将电极吊出，放在电极接长站，再从电极接长站吊一根已接好的电极，装在电极臂上，使三相电极的下端处于同一端面上，然后使该相电极的把持系统抱紧，悬臂吊或天车摘钩，电极更换完毕。

电极接长：将需接长的电极固定好，拧下提升塞头，然后用有油压缩空气将电极螺纹内孔及电极端面吹扫干净（不能用钢棉或铁刷清扫擦拭），将连接用螺纹塞头也吹扫干净，插入螺纹内孔，用手拧紧（不加任何外力）且使之不能倾斜。将需接上的电极去掉头、尾部包装，然后用有油压缩空气将电极螺纹内孔及电极端面吹扫干净（不能用钢棉或铁刷清扫擦拭），将提升塞头也吹扫干净插入螺纹内孔，用手拧紧（不用任何外力）且使之不能倾斜；把另一端（没有提升塞头的一端）用软垫子垫起来（以免在提升过程中损坏）。用悬臂吊吊住电极尾部提升塞头的吊环，慢慢提起到待接电极的上方，对正，再慢慢落下，用专用扳手拧紧，拧紧前上下电极相距3～5mm时，要求再次用压缩空气将两电极端面吹扫，避免残留杂物影响导电，两节电极之间不得有空隙，不能松动。电极连接的目标是：使相邻两节电极之间的连接处各向机械应力相等，断面上具有连贯的导电性，连接坚固牢靠。

电极的下放：电极下放的高度应使电极处于上限时，电极下端的高度高于钢包200mm以上，电极夹紧时把持器把持部位应在电极安全线以外。

b　吹氩制度

吹氩制度分为底吹氩制度和事故吹氩制度。

（1）底吹氩制度。精炼生产前，检查钢包及底吹氩管道是否漏气，钢包到达 LF 后，接好底吹氩管（底吹氩气要求压力为 1.0～1.2MPa），开氩气，要求精炼全程吹氩，另外精炼各阶段要求吹氩强度不同，具体要求如下：初期起弧化渣阶段要求弱吹氩气，渣化后升温过程要求中等强度吹氩，取样、测温、喂线过程中和喂线后要求弱吹氩气。增碳、合金化及脱硫时要求氩气强搅拌，钢液裸露直径不大于 350mm 为宜，调合金后需吹氩气 3min 以上再取样。停电等待期间及喂线过程中要求弱吹氩气，喂线结束后需弱吹氩气 3min 后再吊包，吹氩时渣面涌动不露钢液。吹氩强搅拌、中强搅拌、弱搅拌，可根据气眼大小（即裸露钢水液面的大小）判断吹氩强度，强搅拌气眼 300～350mm，中强搅拌气眼 150～250mm，弱搅拌气眼 0～100mm。

（2）事故吹氩制度。如果底吹透气砖的透气性不好，则换成高压氮气（2.0～2.5MPa）用高压氮气吹开透气砖，如果吹不开则认为底吹失败。底吹失败时要求尽快组织钢水倒包，倒包过程中，备用钢包要求连接底吹氩管，边吹氩边折钢水，防止透气砖堵死。

c　供电制度

（1）配电表（变压器铭牌参数）如下：

1 号 LF

T_{ap}	13	12	11	10	9	8	7	6	5	4	3	2	1
I_{max}	42.45	42.45	42.45	42.45	42.45	42.45	42.45	42.45	42.45	42.45	42.45	41.24	40.99
V_{sec}	240	250	260	270	280	290	300	310	320	330	340	350	360

2 号 LF

T_{ap}	13	12	11	10	9	8	7	6	5	4	3	2	1
I_{max}	46.2	46.2	46.2	46.2	44.63	44.63	44.63	44.63	44.63	44.63	44.58	43.30	42.10
V_{sec}	240	250	260	270	280	290	300	310	320	330	340	350	360

T_{ap}——变压器的级数；

I_{max}——最大二次电流，单位：千安（kA）；

V_{sec}——二次电压，单位：伏特（V）。

（2）初期起弧化渣、渣化升温或保温阶段，采用 2～3 级电压，电流曲线采用 5 级（短弧），升温速率约为 4℃/min。

（3）供电前，如果钢包内的钢渣出现结块现象，应首先处理结块，防止电极折断，不能处理时，应降低电压级数至 5～6 级，使用 4 级电流曲线（中弧）。

（4）除初期起弧化渣外，全过程均须埋弧操作，严禁用高电压裸弧强制调温，以免损坏包衬，不能实现埋弧时要加入埋弧渣。增碳、合金化及测温取样时须停电并抬起电极。

（5）加热时优先采用自动方式，异常情况采用手动。

（6）三根电极中的任意两根电极臂以下长度差超过 150mm 时须重新调整电极，使电极臂以下长度相等，电极下端在同一平面。

（7）严禁用电极增碳，掉入钢包内的电极头必须及时扒出。

（8）每次供电时间最长不能大于10min。

（9）尽量减少高压分闸次数，原则上每个浇次分闸1次。

d 造渣制度

（1）加入还原剂、渣料，造还原渣。钢水进入工作位后，根据钢种和钢包内渣况，加入还原剂（如铝粉、硅铁粉等），同时加入约一半或全部造渣料，吹氩搅拌3～5min，然后再取样测温；完成以上操作后，根据钢水温度，确定供电时间，开始供电，供电过程中如渣料已熔化，可以把剩余的渣料加入，石灰加入总量为800～1200kg，萤石加入总量为500～700kg。

注意：造还原渣时根据钢种不同所加入的脱氧剂也不同，铝镇静钢应向钢包内加入铝粉（分批加入）来脱氧；硅镇静钢应控制铝的加入量；低硅钢注意控制萤石加入量。

（2）推荐炉渣成分如下：

铝镇静钢

炉渣组成	CaO	SiO_2	Al_2O_3	$FeO+MnO+Cr_2O_3$	MgO	S
质量分数/%	52～58	6～10	15～25	<2	8～10	0.3～2.0

硅镇静钢

炉渣组成	CaO	SiO_2	Al_2O_3	$FeO+MnO+Cr_2O_3$	MgO	CaF_2	S
质量分数/%	52～58	21～26	5～8	<2	6～8	2～6	0.3～1.0

e 脱氧合金化制度

（1）待还原渣形成后，根据钢样分析进行合金调节，控制标准按所炼钢种的中下限控制，调整量为：$w(C)<0.08\%$；$w(Mn)<0.10\%$；$w(Si)<0.10\%$。

（2）元素的吸收率。进LF炉的钢水元素吸收率如下：

元 素	C、Si、Mn、Cr、V、Nb、Mo、Ni	Al、Ti	铝线
吸收率/%	95～100	60	75

合金料加入计算公式：

$$合金料加入量=[W\times(N\%-Nt\%)\times1000]/Me\%\times F\%$$

式中 W——钢水量，t；

$N\%$——钢种某元素目标值；

$Nt\%$——钢种某元素实际值；

$Me\%$——合金中某元素含量；

$F\%$——元素吸收率。元素吸收率在正常操作过程中一般是比较稳定的，各个具体企业都会有特定的元素吸收率结果。

（3）所有合金料的加入量均按精炼终点内控中下限成分的目标值进行计算，合金料加入2～3min后取样，根据分析结果进行合金精调；如果所炼钢种为多合金钢种，合金料的加入量和种类较多，或钢种的成分范围较为严格，可分两次或三次加入合金料。

（4）在加入增碳剂、合金料及手动（自动时不需提起）测温取样时均需提起电极，停止供电。

f 喂线制度

钢水成分温度符合要求后进行喂线，需要细化晶粒及对铝含量有要求的钢种先喂铝线再喂硅钙线或钙线，喂铝线的速度为：200～350m/min；喂硅钙线或钙线的速度为：200～350m/min；喂线量根据钢种要求决定。

喂线时进行弱吹氩，喂完线3～5min以后再行吊包（此阶段进行弱吹氩，如钢种对弱吹时间有特殊要求，按要求时间控制），以便钢中夹杂能很好上浮；喂线结束后向钢包中加入覆盖剂，确保不裸露钢水液面。

g 温度制度

温度制度如下：

项目 \ 钢种		SS400	SS330、SPHC、SPHD	Q345B
终点温度/℃		1630～1650	1630～1640	1640～1660
炉后包温/℃		1570～1585	1570～1585	1560～1575
LF进站包温/℃		≥1540	≥1545	≥1540
LF出站	第一包/℃	1580～1590	1600～1610	1575～1590
	连浇/℃	1570～1580	1585～1595	1565～1575

注：遇备用包、大修包，转炉终点温度可上调10～20℃，LF根据冶炼时间，出站包温可上调5～15℃；根据出钢时间的长短，转炉终点温度可提高或下调10～20℃；精炼还应根据薄板连铸断面大、小，适当调整出站温度。

h 事故的预防和处理

(1) 严禁在炉盖漏水的情况下进行精炼操作。

(2) 精炼过程中发现炉盖漏水等情况立即停止电极供电，提起电极、停止吹氩并抬起包盖，若包内无水，将钢包车开到非工作位，对事故部位进行处理；若钢包进水，须首先关闭炉盖进水总节门，处理事故部位，待包内水蒸发干后再动车。

(3) 钢包底吹透气砖安全可靠，操作机构灵活、安全可靠，钢包异常或钢包漏钢须立刻停止精炼，进行倒包或回炉处理。

(4) 操作过程中随时检查电极抱紧情况，发现异常及时处理，防止电极折断掉入钢包。

(5) 观察孔平台附近原料堆放整齐，保持操作空间开阔，精炼职工在观察孔测温取样或加料时，注意侧身对应观察孔，避免钢渣、钢水溅出伤人。

(6) 准备喂线时，必须从线卷的椭圆形开口处抽出喂线线，防止喂线过程中卡线，造成喂线线断裂伤人。在线喂线过程中，开始需缓慢进线，待喂线线进入升降导管后再加速到规定速度，避免喂线线跑偏、接触电极、引发触电。

(7) 电极接长和下放过程中，注意电极坠落伤人。

(8) 精炼职工必须穿专用绝缘鞋，防止触电。

E 主要工艺参数

a 普通参数

(1) LF炉技术要求：DANIELI标准。

(2) 钢水的运输：2 台钢包车。
(3) 正常处理钢水量：150t。
(4) 最大处理钢水量：160t。
(5) 最小处理钢水量：120t。
(6) 钢包正常自由空间（处理钢水量为 150t 时）：1100mm。
(7) 钢包最小自由空间（处理钢水量为 160t 时）：910mm。
(8) 钢包最大自由空间（处理钢水量为 100t 时）：1960mm。
(9) 钢水处理周期（LF）：30～40min。
(10) 钢水处理周期（LF + VD）：按钢种要求执行。
(11) 炉顶技术要求：水冷炉顶。
(12) 电极臂技术要求：符合技术协定要求。

b 几何参数

(1) 炉顶升降行程：700mm。
(2) 炉顶耐火材料厚度：270mm。
(3) 电极直径：457mm。
(4) 电极极心圆直径：750mm。
(5) 电极技术要求：高密度电极。
(6) 单节电极长度：1800mm。
(7) 电极行程：2900mm。

c 气体搅拌

(1) 透气砖数量：每个钢包两块。
(2) 透气砖最大气体流量：2×600L/min（标态）。
(3) 吹入气体种类：氩/N_2。
(4) 每台钢包车底吹管的数量：两根。
(5) 事故搅拌系统：1 套。
(6) 最大工作压力范围：1.0～1.2MPa。
(7) 吹开堵塞气孔压力：2.0～2.5MPa。
(8) 事故枪气体流量范围（多孔弥散型）：0～600L/min（标态）。

d 电气参数

(1) 变压器功率：1 号 LF 25MV·A；2 号 LF 28MV·A。
(2) 最大过载能力：+5%。
(3) 有载变压级数：13 级。
(4) 基本电弧电压工作范围：110～120V。
(5) 最大电弧电流：42.5kA。
(6) 最大二次电流：44.6kA。

e 辅助系统

(1) 电极接长站：1）电极存放位置：1 号 LF 3 个；2 号 LF 6 个。
2）电极接长工作位置：1 个。
3）电极起重装置：1 台悬臂吊。

（2）喂线系统：1）喂线机配备：3台。

2）喂线机型式：双线喂线机。

3）芯线直径要求：5～18mm。

4）喂线速度：3～350m/min。

5）配备交流电机的功率：11kW。

f　钢包车

（1）钢包车配备：两台。

（2）钢包车有载重量：250t。

（3）钢包车最高运行速度：15m/min。

（4）钢包车配备交流电机的功率：2×30kW。

7.4.2　RH法工艺介绍

7.4.2.1　概述

RH法是由原西德鲁尔（Ruhrstahl）钢公司和真空泵厂家赫拉乌斯（Heraeus）公司于1959年共同设计研制成功的，故简称RH法（Ruhrstahl Heraeus Process），也叫真空循环脱气法。

设计的最初目的是用于钢液的脱氢处理，随着解决一系列炉外精炼任务的需要，经过30多年的发展，RH由最初单一的脱气设备发展成为包含真空脱气、吹氧脱碳、喷粉脱硫、温度补偿、均匀温度和成分等的一种多功能炉外精炼设备，是目前广泛应用的一种真空处理法。

7.4.2.2　基本原理

RH精炼处理过程利用气泡泵原理来进行钢液的循环流动。用喷吹气体所产生的气泡来提升液体的现象称为气泡泵起现象。目前，气泡泵起现象已广泛应用于化工、热能动力、冶金等领域。气泡泵也称气力提升泵。

气泡泵的原理如图7－5所示。设在不同高度的给水罐和蓄水罐，由连通管连接，组成一U形连通器。在上升管底部低于给水罐处设有一气体喷入口。当无气体喷入时，U形连通器的两侧水面是平的，即两侧液面差 $h_r=0$。一旦喷入气体，气泡在上升管中上浮，使上升管中形成气液两相混合物，由于其密度小于液相密度，所以气液混合物被提升一定高度（h_r），并保持下式成立：

$$\rho' g(h_s+h_r)=\rho g h_s$$

式中　ρ'——气液两相混合物的密度，kg/m³；

ρ——液相的密度，kg/m³；

h_s——给水罐液面与气体喷入口之间的高度差，m；

g——重力加速度，9.81m/s²。

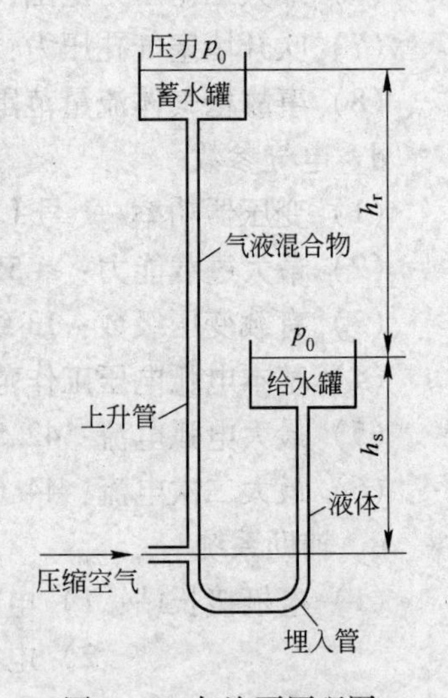

图7－5　气泡泵原理图

当气体流量大于某临界流量（称为下临界流量）时，液体将从上升管顶部流出，造成抽吸作用。上述液体被提升的现象，也可以理解成上升气泡等温膨胀所做的功，使一部分液体位能增加 Mgh_r。

事实上，真空循环脱气法（RH 法）的循环过程具有类似于“气泡泵”的作用原理。处理钢水时，先将两个浸渍管浸入到钢包，使钢包和真空室形成密闭系统。然后，真空排气系统启动，使真空室形成真空，钢液靠真空压差由浸渍管进入脱气室。这时，从一个浸渍管（上升管）吹入氩气（或氮气）。根据气泡泵原理，钢水被吹入真空槽内并飞溅。钢水在真空室内脱气后，因钢水自重从另一侧的浸渍管（下降管）流回到钢包内。这样，钢水不断地从钢包经过上升管进入真空室，然后又从真空室经过下降管返回到钢包内，形成连续不断地环流，直到真空室内的真空状态被破坏，回到 1 个大气压为止。连续不断进入真空室的钢水在真空状态下被不断地脱气处理。工作原理图如图 7－6 所示。

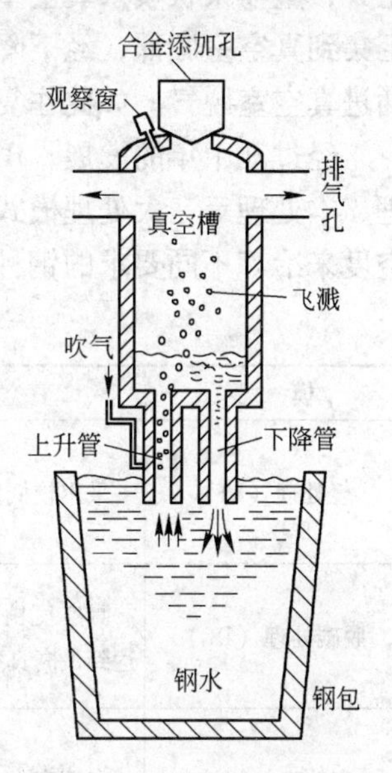

图 7－6 RH 法原理图

7.4.2.3 冶金目的及功能

早期的 RH 真空精炼是以脱钢水中的氢为主要目的而发展起来的，随着 RH 真空精炼的实践和 RH 真空精炼技术的发展，RH 脱气处理的主要目的发展成为综合真空脱碳、脱气、脱氧、调节钢水温度和化学成分于一体的精炼方法，它的冶金功能得到了充分的发展，扩展到了脱氢、脱氮、脱氧、脱碳、脱硫、成分精调、加热、添加钙等冶金功能，可以冶炼几乎所有质量要求的钢种。

7.4.2.4 冶金特点

RH 处理不要求特定的钢包净空高度，反应速度也不受钢包净空高度的限制。与其他各种真空处理工艺相比，RH 技术的优点是：

（1）处理速度快、处理周期短、生产效率高，适合于大批量钢水处理，与转炉相匹配生产扁平材，优点尤为突出。一般来说，在一台 RH 上完成一次完整的处理约需 15min，即 10min 真空处理，5min 合金化及温度混均匀时间。

（2）反应效率高，精炼效果好，特别是通过近年来在工艺技术上一系列改进，能满足大部分钢种生产的质量要求，提高炼钢生产能力。钢水直接在真空室内进行反应，可生产[H]$\leqslant 0.5\times10^{-6}$，[N]$\leqslant 25\times10^{-6}$，[C]$\leqslant 10\times10^{-6}$超纯净钢。提高产品质量、降低成本、保证连铸顺行、实现全连铸、优化炼钢生产工艺流程。

（3）可进行吹氧脱碳和二次燃烧进行热补偿，减少精炼过程的温降。

（4）可进行喷粉脱硫，生产[S]$\leqslant 5\times10^{-6}$的超低硫钢。

（5）适用于大批量处理，操作简单，常与转炉配套使用。此外，RH 与新兴的超高功率大型电弧炉相配套，形成了大批量生产特殊钢生产体系。现今最大的 RH 为 300t。

7.4.2.5 工艺流程及工艺技术参数

RH 处理时，真空室下降（或钢包升高），真空室的升降管插入钢水中，启动真空泵将真空室抽真空，钢水便从两根管内上升，达到一定压差高度。为使钢水循环，在抽真空的同时，在上升管下端的1/3处吹入氩气驱动，上升管内瞬间产生大量气泡核，气泡由于受热和外压的降低，体积成百倍地增大，钢水中的气体向气泡内扩散，膨胀的气泡带动钢水上升，呈喷泉状喷入真空室，从而加大了液－气相界面积，加速脱气过程。脱气后的钢水汇集到真空室底部，经下降管返回钢包内并搅拌钢液，未经脱气的钢水又不断地从上升管涌进真空室脱气。如此往复循环3～4次后达到脱气要求，处理时间约为20min。

经过几十年的发展，RH法精炼工艺越来越趋于成熟，基本上形成了轻处理、脱碳处理、本处理等三大处理模式。每种处理模式在RH法操作的基础上有所改变，通过调整真空度来冶炼不同要求的钢种，具体见表7－2。

表7－2 真空精炼模式

模 式	真空度模式	主要功能	适用钢种
轻处理（LT）	采用较低真空度处理	进行脱氧，去除非金属夹杂物，调整和均匀钢水成分、温度	冷轧深冲板、热轧气瓶钢、低合金汽车板钢、镀锡钢、双相钢、16Mn钢等
脱碳处理（DC）	真空度由低到高，最终达到最高真空度	进行深脱碳，减少非金属夹杂物、合金化，调整和均匀钢水成分、温度	低碳钢、超低碳钢及IF钢等
本处理（DH）	采用高真空度处理	进行脱气和除去钢中的夹杂物，调整和均匀钢水成分、温度	耐蚀钢、焊管钢、钻油平台钢等

真空循环脱气法的主要工艺参数有处理容量、循环因数、脱气时间、循环流量、真空度和工作真空度下泵的抽气能力等。

7.4.2.6 基本机构

RH法的基本结构如图7－7所示。RH设备一般由以下部分组成：真空室、浸渍管（上升管、下降管）、真空排气管道、合金料仓、循环流动用吹氩装置、钢包（或真空室）升降装置、真空室预热装置（可用煤气或电极预热）。

RH精炼车间布置图如图7－8所示。

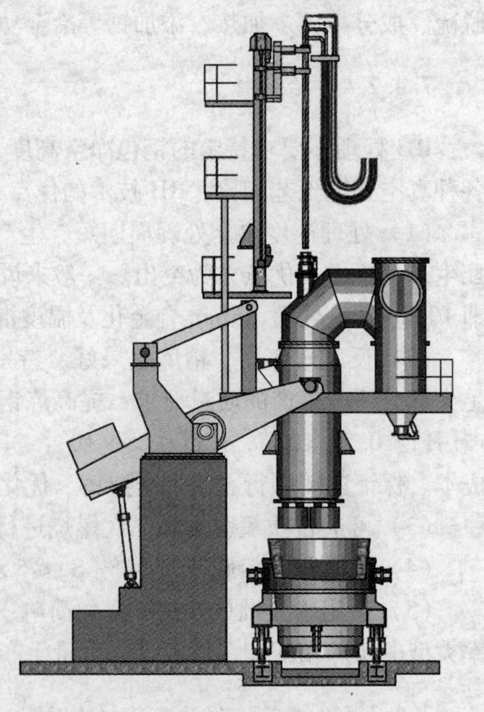

图7－7 RH设备构成

7.4.2.7 具体操作

A RH脱碳操作

a 转炉

真空脱碳前期钢包条件控制，对脱碳时间控制有重要的影响。理想的钢包成分控制应：

[C] $(300 \sim 400) \times 10^{-4}\%$

[O] $(550 \sim 650) \times 10^{-4}\%$

图 7 - 8 RH 精炼车间布置图

出钢过程中，须实施挡渣操作，严格控制渣层厚度，并可加入适量廉价的高碳锰铁。此外按所冶炼的产品质量要求需对钢包渣进行改质处理，控制渣中的氧化铁含量。

钢包离开前，取样测温。

b RH 处理前准备工作

（1）钢包到达 RH 处理工位后，先测温定氧，并测定渣层厚度，与此同时，排气系统开始预抽真空至 10kPa 左右。

（2）按测温定氧结果，确定其后脱碳遵循途径。理想的条件是一途径，采用自然脱碳。如若原始碳过高，大于 0.04%，原始氧过低，在此情况须首先吹氧（或提供其他氧源）进行强制脱碳，当氧达到某一最佳值后即停止吹氧，继续进行自然脱碳。

（3）钢包开始顶升，或真空室下降，此时环流气由氮气转换为氩气并流量增大。

c RH 处理

当浸渍管浸入钢水至规定深度后，即停止钢包上升（或真空室下降）并打开真空主阀，在有预抽真空条件下，真空室与排气系统间迅速均压，从而缩短抽真空时间使之快速达到目标真空度。钢液进入真空室底部，并开始环流，此刻随真空室压力降低脱碳开始。

为避免起始状态由于过度激烈脱碳反应引起真空室内冷钢黏结，对初期真空度变化须严加控制，不宜降得过快。通常达到预定真空时间，控制在 7 ~ 8min。

在初始碳较高需要吹氧时，通常在真空度达到 10kPa 下进行，如吹氧开始过晚，则脱碳时间将延长，成品碳含量将提高。

如需要添加锰时，应采用廉价的高锰铁（含氮较低），并尽早加入。总的脱碳过程可通过排出的废气中的一氧化碳浓度来控制，例如，某厂经验表明，当废气中一氧化碳降至 20% 以下时，钢中碳含量已接近 0.005%（各厂数据不一）。

在经过了将近 18min 的真空脱碳反应，预期的超低碳目标值即可达到，此时即可进行取样、测温、定氧，当碳达到目标值，脱碳即可结束，进入脱氧及合金化操作。脱碳结束时最佳氧控制应为 0.025% ~ 0.035%。

需要注意的是，用铝进行脱氧，是一个强烈的放热反应，按理论计算每吨钢每摄氏度需铝量为 0.037kg，而此热量导致的温度升高，在前期确定出钢温度时需充分考虑。

d　RH处理完毕

铝的添加意味着脱碳反应终止。其后经合金化及规定的处理时间后，处理全部结束。处理结束后，钢包上方加入无碳保温材料送浇注跨。

B　RH脱氢操作

（1）转炉钢包成分应控制在规格中下限（易氧化元素，如Ti等除外）。

（2）挡渣出钢，钢包渣厚度要严加控制，必要时需渣处理，控制钢渣成分。

（3）出钢温度须满足处理温降要求。

（4）RH脱氢通常采用本处理模式（所谓本处理即处理过程中全泵投入）。

（5）成分及温度调整，在前期真空度达到10kPa左右进行。

（6）真空度达到预定目标值后，应迅速加大环流气流量。

（7）在预定的目标真空度下，一般保持16～21min，即可将钢液中［H］降至2×10^{-4}%以下。

复习思考题

7－1　什么是炉外精炼，炉外精炼技术迅速发展的原因是什么？举例说明。

7－2　炉外精炼的任务是什么？讨论其在钢铁冶炼过程中的作用和地位。

7－3　炉外精炼的手段有哪些？讨论每种手段的目的和作用。

7－4　结合精炼手段讨论如何完成钢水精炼的任务。

7－5　什么是LF炉，它的工作原理是什么？

7－6　结合实习单位，绘制你所见到的LF炉的设备。

7－7　描述你所实习的单位LF炉生产的工艺流程。

7－8　什么是RH法，它的工作原理是什么？

7－9　结合实习单位，绘制你所见到的RH法的设备。

7－10　描述你所实习的单位RH法生产的工艺流程。

8 连续铸钢生产

连续铸钢是将钢液不断地注入水冷结晶器内，连续获得铸坯的工艺过程。由于连铸省去了初轧机开坯的生产工序，缩短了工艺流程，降低了生产成本，提高了钢水的成材率和铸坯的质量，生产过程机械化、自动化程度较高。因此，近年来，传统连铸的高效化生产（高拉速、高作业率、高质量）在各工业发达国家取得了长足的进步，特别是高拉速技术已引起人们的高度重视。通过采用新型结晶器及新的结晶器冷却方式、新型保护渣、结晶器非正弦振动、结晶器内电磁制动及液面高精度检测和控制等一系列技术措施，使连铸机的生产能力大幅度提高，给企业带来了极大的经济效益。

8.1 连续铸钢的生产过程

连续铸钢的生产工艺流程可用图 8-1 所示的弧形连铸机来说明。

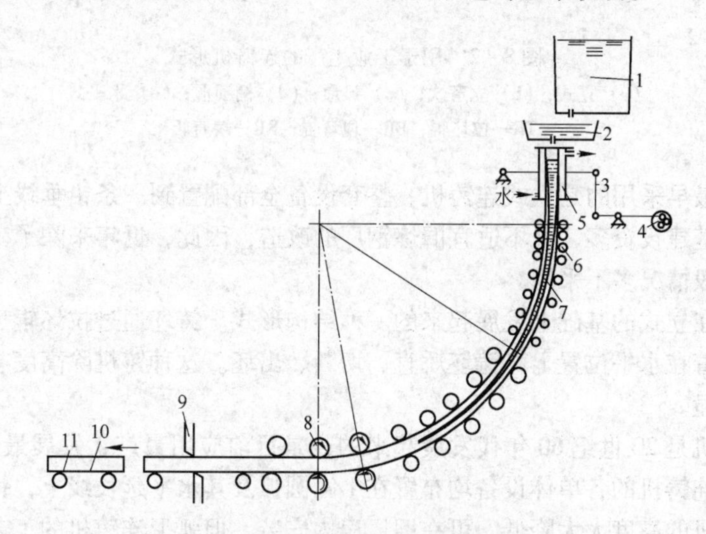

图 8-1 连铸机工艺流程图

1—盛钢桶；2—中间罐；3—振动机构；4—偏心轮；5—结晶器；6—二次冷却夹辊；7—铸坯中未凝固钢水；8—拉坯矫直机；9—切割机；10—铸坯；11—出坯辊道

从炼钢炉出来的钢液注入钢包内，经精炼处理后被吊运到连铸机上方的大包回转台，通过中间罐注入强制水冷的结晶器内。结晶器是一特殊的无底水冷铸锭模，在浇注之前先装上引锭杆作为结晶器的活底。注入结晶器的钢水与结晶器内壁接触的表层急速冷却凝固形成坯壳，且坯壳的前部与引锭头凝结在一起。引锭头由引锭杆通过拉坯矫直机的拉辊牵引，以一定速度把形成坯壳的铸坯向下拉出结晶器。为防止初凝的薄坯壳与结晶器壁黏结撕裂而漏钢，在浇注过程中，既要对结晶器内壁进行润滑，又要通过结晶器振动机构使其上下往复振动。铸坯出结晶器进入二次冷却区，内心还是液体状态，应进一步喷水冷却，直到完全凝固。铸坯出二冷区后经拉坯矫直机将弧形铸坯矫成直坯，同时使引锭头与铸坯分离。完全凝固的直坯由切割设备切成定尺，经出坯辊道进入后步工序。随着钢液的不断注入，铸坯连续被拉出，并被切割成定尺运走，形成了连续浇注的全过程。

8.2 连铸机的分类

(1) 按连铸机结构的外形可分为立式、立弯式、弧形、椭圆形及水平式等多种形式，如图8-2所示。

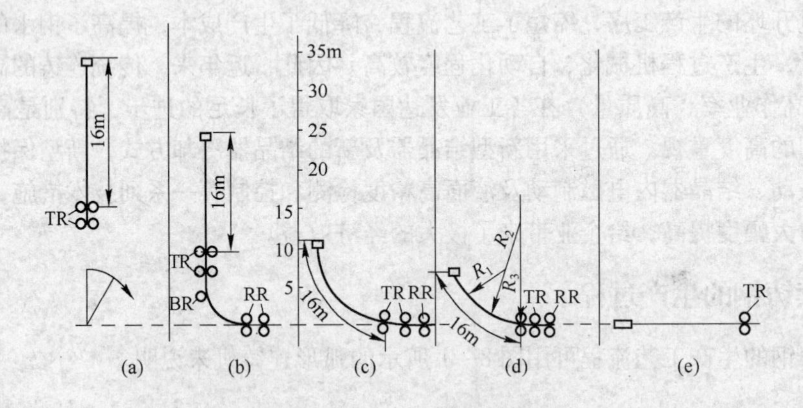

图8-2 用于工业生产的连铸机形式

(a) 立式；(b) 立弯式；(c) 弧形；(d) 椭圆形；(e) 水平式

TR—拉坯辊；BR—顶弯辊；RR—矫直辊

世界各国最早采用的是立式连铸机，整套设备全部配置到一条铅垂线上。由于它的设备高度过大，基建投资多，又不适宜旧炼钢厂的改造，因此，近年来除了少数特殊钢厂仍在使用外，一般情况多不采用。

立弯式是在立式的基础上发展起来的一种结构形式。铸坯通过拉坯辊后，用弯坯装置将其顶弯，接着在水平位置上将铸坯矫直、切断、出坯。这种铸机除高度有所降低外，其优越性并不明显。

弧形连铸机是20世纪60年代发展起来的，是目前应用最广、发展最快的一种形式。其特点是组成连铸机的各单体设备均布置在1/4圆弧及其水平延长线上，铸坯成弧形后再进行矫直。铸机的高度大大降低，可在旧厂房内安装。但弧形连铸机的工艺条件不如立式或立弯式好，由于铸坯内、外弧不对称，液芯内夹杂物上浮受到一定阻碍，使夹杂物有向内弧富集的倾向。另外，由于铸坯经过弯曲和矫直，不利于浇铸对裂纹敏感的钢种。

椭圆形连铸机（低矮形连铸机）除具有弧形连铸机的优点外，高度进一步降低，适于在起重机轨面标高较低的旧厂房内布置。由于铸机结晶器及头段二冷夹辊布置的曲线半径较小，钢水内夹杂物不易上浮而向内弧富集，对钢水纯洁度要求更为严格。

水平连铸机的基本特点是它的中间罐、结晶器、二次冷却装置和拉坯装置全部都放在地面上呈直线水平布置。水平连铸机的优点是机身高度低，适合老企业的改造，同时也便于操作和维修；水平连铸机的中间罐和结晶器之间采用直接密封连接，可以防止钢水二次氧化，提高钢水的纯净度；铸坯在拉拔过程中无需矫直，适合浇注合金钢。

(2) 按铸坯断面的形状和大小可分为：方坯连铸机（断面不大于150mm×150mm的

叫小方坯；大于150mm×150mm的叫大方坯；矩形断面的长边与宽边之比小于3的也称为方坯连铸机）；板坯连铸机（铸坯断面为长方形，其宽厚比一般在3以上）；圆坯连铸机（铸坯断面为圆形，直径ϕ60～400mm）；异形坯连铸机（浇注异形断面，如H形、空心管等）；方、板坯兼用连铸机（在一台铸机上，既能浇板坯，也能浇方坯），薄板坯连铸机（厚度为40～80mm的铸坯）等。

（3）按结晶器的运动方式，连铸机可分为固定式（即振动式）和移动式两类。前者是现在生产上常用的以水冷、底部敞口的铜质结晶器为特征的“常规”连铸机；后者是轮式、轮带式等结晶器随铸坯一起运动的连铸机。

（4）按铸坯所承受的钢液静压头，即铸机垂直高度（H）与铸坯厚度（D）比值的大小，可将连铸机分为高头型（$H/D>50$，铸机机型为立式或立弯式）、标准头型（H/D为40～50，铸机机型为带直线段的弧形或弧形）、低头型（H/D为20～40，铸机机型为弧形或椭圆形）、超低头型（$H/D<20$，铸机机型为椭圆形）。随着炼钢和炉外精炼技术的提高，浇注前及浇注过程中对钢液纯净度的有效控制，低头和超低头连铸机的采用逐渐增多。

8.3 连铸生产的主要设备

连续铸钢生产所用的设备，通常可以分为主体设备和辅助设备两个部分。主体设备主要有：钢包及钢包旋转台，如图8－3、图8－4所示；中间包及其运载小车，如图8－5、图8－6所示；结晶器及其振动装置，如图8－7、图8－8所示；二次冷却支导装置，如图8－9所示；拉坯矫直设备，如图8－10所示；引锭杆、脱锭及引锭杆存放装置，如图8－11、图8－12所示；切割设备等，如图8－13所示。辅助设备主要包括有：出坯及精整设备——辊道、拉（推）钢机、翻钢机、火焰清理机等；工艺性设备——中间罐烘烤装置、吹氩装置、脱气装置、保护渣供给与结晶器润滑装置、电磁搅拌装置等；自动控制和测量仪表——结晶器液面测量与显示系统、过程控制计算机、测温、测重、测压、测长、测速等仪表系统。

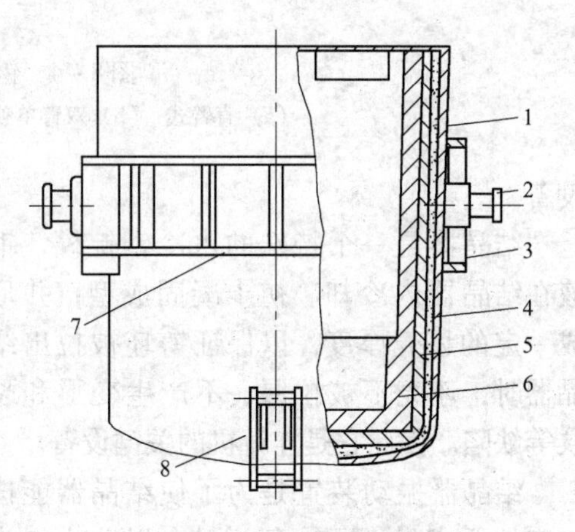

图8－3 钢包结构

1—桶壳；2—耳轴；3—支撑座；4—保温层；5—永久层；6—工作层；7—腰箍；8—倾翻吊环

钢包运载装置主要有浇注车和钢包回转台两种方式，目前绝大部分新设计的连铸机都采用钢包回转台。它的主要作用是运载钢包，并支承钢包进行浇注作业，采用钢包回转台还可快速更换钢包，实现多炉连铸。

中间包是钢包和结晶器之间用来接受钢液的过渡装置，它用来稳定钢流，减小钢流对结晶器中坯壳的冲刷；并使钢液在中间包内有合理的流动和适当长的停留时间，以保证钢液温度均匀及非金属夹杂物分离上浮；对于多流连铸机由中间包对钢液进行分流；在多炉连浇时，中间包中贮存的钢液在更换钢包时起到衔接的作用。

中间包运载装置有中间包车和中间包回转台，它是用来支承、运输、更换中间包的

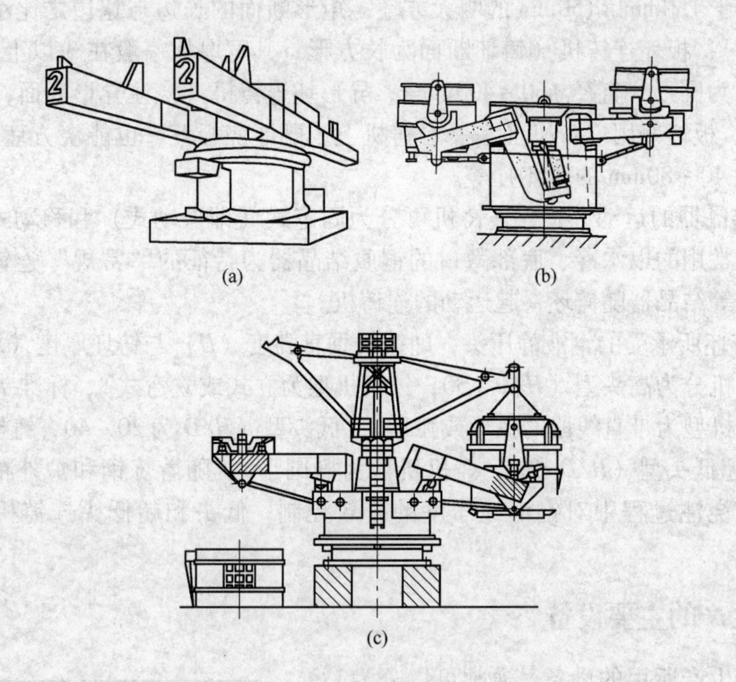

图 8－4　钢包回转台类型图

（a）直臂式；（b）双臂单独升降式；（c）带钢水包加盖功能

设备。

结晶器是一个特殊的水冷钢锭模，钢液在结晶器内冷却、初步凝固成型，并形成一定的坯壳厚度，以保证铸坯被拉出结晶器时，坯壳不被拉漏、不产生变形和裂纹等缺陷。因此它是连铸机的关键设备。

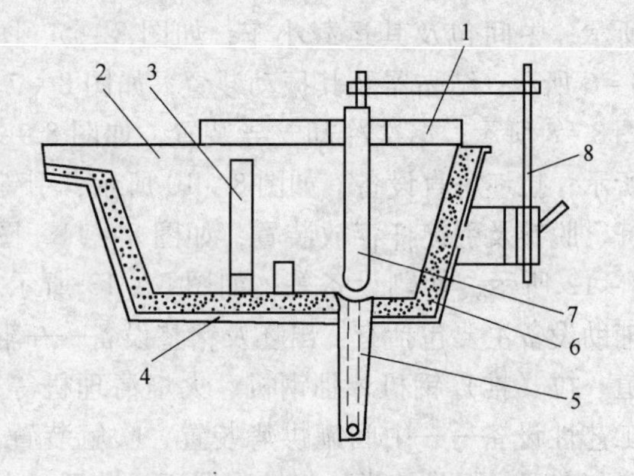

图 8－5　中间包构造示意图

1—包盖；2—溢流槽；3—挡渣墙；4—包壳；5—水口；6—内衬；7—塞棒；8—塞棒控制机构

结晶器振动装置是为了使结晶器能按一定的要求做上下往复运动，以防止初生坯壳与结晶器黏连而被拉裂。

二次冷却装置主要由喷水冷却装置和铸坯支承装置组成，它的作用是向铸坯直接喷水，使其完全凝固；通过夹辊和侧导辊对带有液芯的铸坯起支撑和导向作用，防止并限制铸坯发生鼓肚、变形和漏钢事故。

拉坯矫直机的作用是在浇注过程中克服铸坯与结晶器及二冷区的阻力，顺利地将铸坯拉出，并对弧形铸坯进行矫直。在浇注前，它还要将引锭装置送入结晶器内。

引锭装置包括引锭头和引锭杆两部分，它的作用是在开浇时作为结晶器的“活底”，堵住结晶器的下口，并使钢液在引锭杆头部凝固；通过拉矫机的牵引，铸坯随引锭杆从结晶器下口拉出。当引锭杆拉出拉矫机后，将引锭杆脱去，进入正常拉坯状态。

切割装置的作用是在铸坯行进过程中，将它切割成所需要的定尺长度。铸坯运出装置包括辊道、推钢机、冷床等，由它们完成铸坯的输送、冷却等作业。

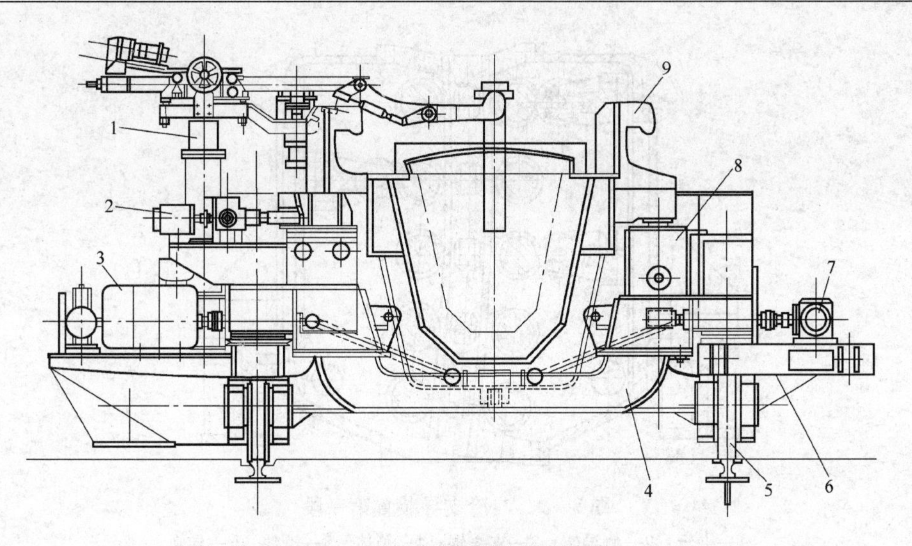

图8-6　中间包升降传动装置

1—长水口安装装置；2—对中微调驱动装置；3—升降驱动电动机；4—升降框架；5—走行车轮；6—中间包车车架；7—升降传动伞齿箱；8—称量装置；9—中间包

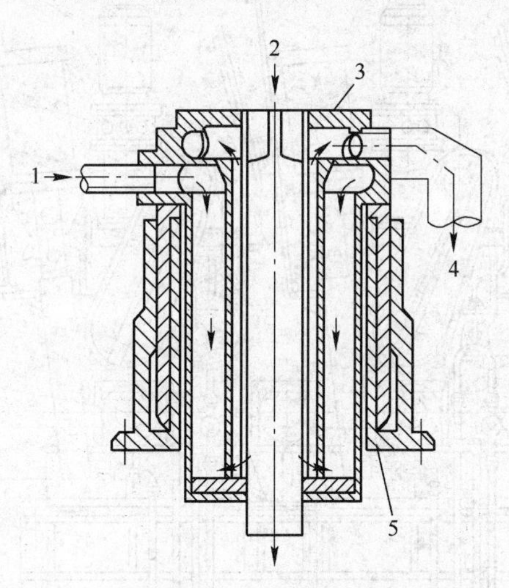

图8-7　管式结晶器

1—冷却水入口；2—钢液；3—夹头；4—冷却水出口；5—油压缸

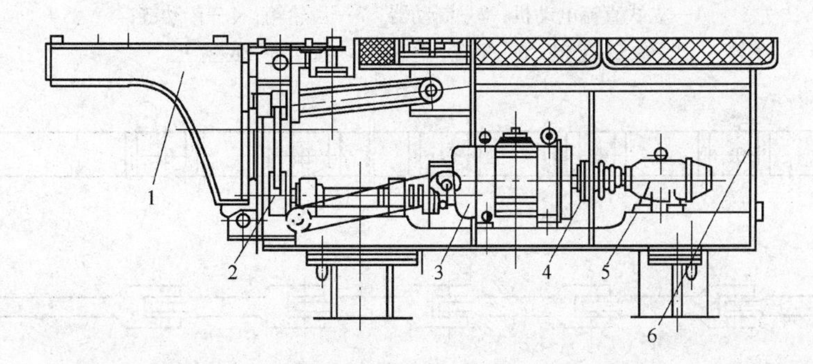

图8-8　方坯连铸机用的四连杆振动机构

1—振动台；2—四连杆机构；3—无级变速器；4—安全联轴器；5—电动机；6—箱架

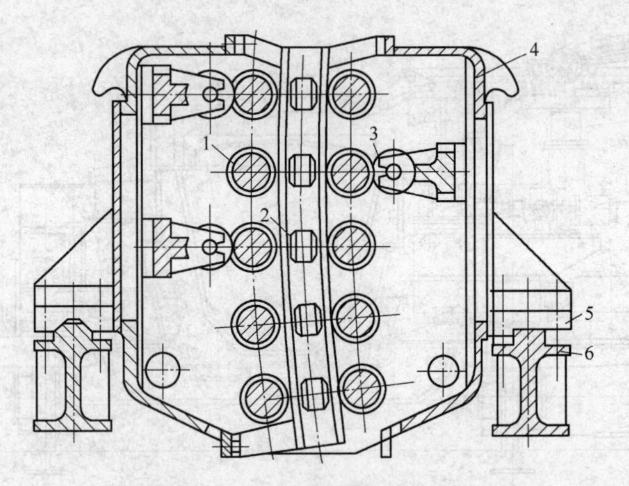

图 8 - 9　二冷支导装置第一段

1—夹辊；2—侧导辊；3—支撑辊；4—箱体；5—滑块；6—导轨

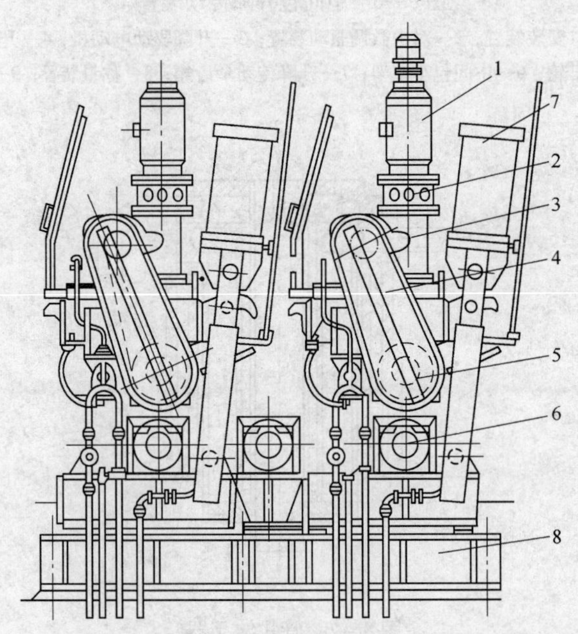

图 8 - 10　拉坯矫直机

1—立式直流电动机；2—制动器；3—齿轮箱；4—传动链；
5—上辊；6—下辊；7—压下气缸；8—底座

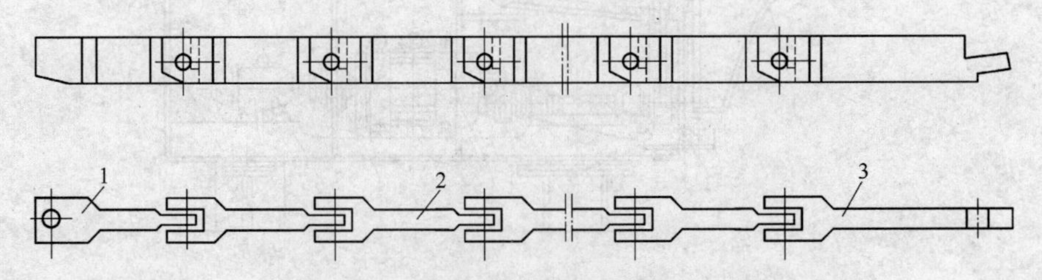

图 8 - 11　小方坯连铸机用的链式引锭杆

1—引锭头；2—引锭杆链环；3—引锭杆尾

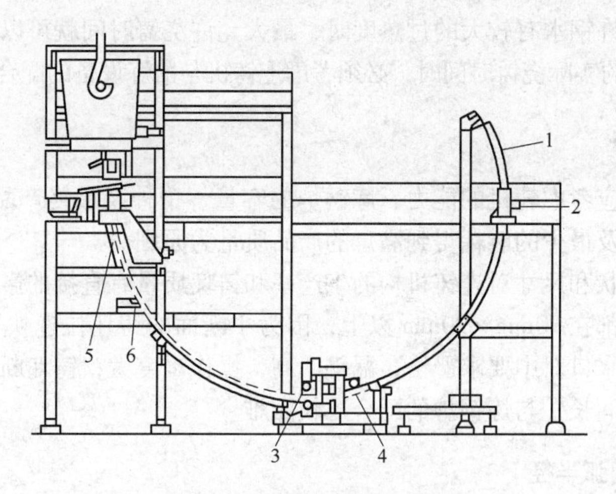

图 8－12 刚性引锭杆示意图

1—引锭杆；2—驱动装置；3—拉辊；4—矫直辊；5—二冷区；6—托坯辊

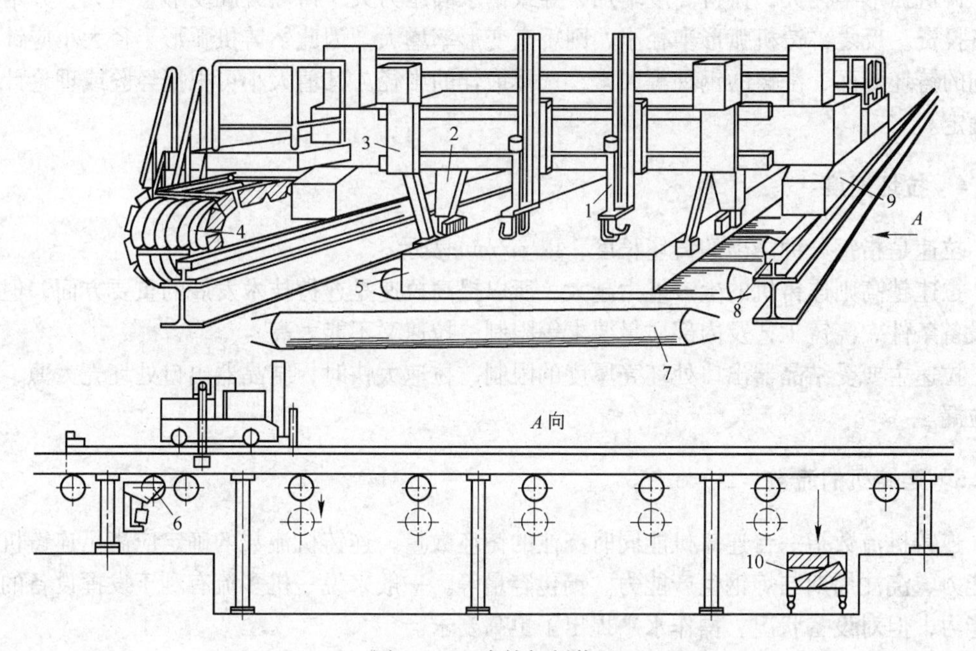

图 8－13 火焰切割装置

1—切割枪；2—同步机构；3—端面检测器；4—软管盘；5—铸坯；
6—定尺机构；7—辊道；8—轨道；9—切割小车；10—切头收集车

8.4 弧形连铸机的主要参数

8.4.1 钢包允许浇铸时间

为保证浇铸顺利进行，必须适当地确定不同容量钢包允许的浇铸时间。近年来，由于普遍采用钢包吹氩或其他炉外精炼的措施，以及提高钢包烘烤温度，使钢包允许的浇铸时间有所延长。对质量要求严格“低温浇铸”钢种，钢水过热度小，最大允许浇铸时间必然短；反之，如允许钢水有较大的过热度时，最大允许浇铸时间就可以相应长一些。

在确定连铸机的实际浇铸时间时，必须考虑连铸机与冶炼设备的配合和进行多炉连浇。

8.4.2　铸坯的断面

选择铸坯断面应考虑轧机的能力、炼钢炉的容量、钢种及最终产品规格等多种因素，以最低的生产成本及最少的能耗得到满意的产品质量为原则。

铸坯断面的形状和尺寸对连铸机构的生产率和铸坯质量有直接的影响。铸坯断面不宜选择得过小，通常都在90mm×90mm以上，因为小断面的铸坯拉速快，结晶器液面控制要求很高，中间罐水口对中要求严格，漏钢率高，操作难度大；铸坯断面小使连铸机生产能力降低，浇铸时间长，与炼钢炉的配合比较困难。

8.4.3　连铸机的圆弧半径

弧形连铸机半径是指铸坯外弧的曲率半径数。

铸机弧形半径大，铸机高度增加，导致钢水静压力大，铸坯鼓肚变形量增大，并增大设备投资。反之，铸机弧形半径小，则矫直变形率增大。因此，铸机弧形半径大小应针对不同的铸坯断面、浇铸的钢种等因素，选择最佳的半径。其值大小可根据经验或理论计算来确定。

8.4.4　拉坯速度

拉速是指每分钟浇出的铸坯长度，以m/min表示。

拉速越高则连铸机的生产能力越大，所以提高拉速是连铸技术发展的重要方面，但受到设备条件、浇铸工艺及内部质量要求等限制，拉速又不能太高。

拉速主要受结晶器出口处坯壳厚度的限制，拉速太快时，结晶器出口处坯壳太薄，容易拉漏。

8.4.5　连铸机的流数

连铸机流数指一台连铸机能同时浇注的铸坯数量，连铸机流数的确定应满足连铸机浇钢能力、浇注周期与炼钢生产能力、钢包容量等。一般来说一机多流有利于发挥设备的生产能力，但对设备状况、操作水平提出了更高要求。

8.4.6　液芯长度

铸坯液芯长度（即液相长度）是指钢水从结晶器内钢液面至全部凝固完毕的长度。冶金长度是按连铸机最大拉速计算的铸坯液相长度。

8.5　连铸车间岗位设置

连铸操作岗位主要是：机长、浇钢工、主控室操作工、引锭操作工和切割工。

8.5.1　岗位简介

机长：浇钢操作的负责人，负责机组的生产、组织管理、设备维护使用以及安全、文明生产等工作；保证完成车间下达的生产任务和各项技术经济指标；在生产中严格按操作规程要求指导生产；注意钢液衔接、过程温度控制、开浇操作、换中间包操作及异钢种连浇等重要环节；随时采取应急措施，减少事故发生，保证连铸正常生产；对设备要认真检查和监护，掌握本机组设备情况。

浇钢工：浇钢操作的具体执行人员，由若干人员组成，各组员分工完成下列工作：浇钢前检查本机组的设备情况，准备好工器具和原材料；在浇钢生产中严格按照操作规程要求执行各项操作；事故状态下要配合机长排除故障；认真检查和维护好设备，发现设备故障立即报告机长；做好文明生产，保持现场清洁、整齐；无条件服从机长的安排及操作指令。

引锭操作工：负责掌握当班设备状况，做好各项设备检查准备工作，发现问题及时与有关人员联系处理好故障，确保正常生产；在浇铸生产中负责引锭操作台上各种操作元件的控制和监视；执行送引锭、开浇脱锭及切头等项操作；生产中出现异常时及时与机长联系采取措施以减少损失。

切割工：负责掌握当班设备完好情况，做好各项设备检查准备工作，发现问题及时与有关人员联系处理好故障，确保正常生产；在浇铸生产中负责切割操作台上各种操作元件的控制和监视；执行切割操作，切割操作时要严格按规定尺寸切割连铸坯；生产中出现异常时立即与机长联系并采取措施加以解决。

主控室操作工：负责主控室内各种信号、指示灯、仪表及按钮的检查、控制和监视；向各有关岗位传达各项生产指令、过程温度及前工序时间；反馈连铸机设备、生产和事故情况；浇铸过程中注意按操作规程要求控制好冷却水及结晶器的振动参数；真实、准确、清晰地记载各种生产数据及情况。

8.5.2 各岗位之间的信息传递及其反馈

机长与主控室操作工：互相传递的信息主要是：浇铸设备的有关数据、前工序生产控制的信息、浇铸参数及浇铸异常的情况等。

机长与浇钢工：机长对浇钢工下达如下指令：操作指令、事故处理指令及特殊操作指令。浇钢工要将执行指令情况反馈给机长。此外，浇钢工要将对质量及安全工作检查的情况向机长汇报。

机长与引锭工和切割工：机长下达操作指令、事故处理指令及特殊操作指令。引锭工和切割工反馈指令执行情况。此外，引锭工和切割工要将各类事故产生的原因及其过程、连铸坯表面的缺陷情况报告机长。

主控室操作工与浇钢工：主控室操作工向浇钢工传达各项生产指令，报告过程温度、节奏时间、钢液衔接情况、冷却水数据和结晶器的振动情况。浇钢工及时反馈连铸机浇铸情况及各类事故情况。

主控室操作工与引锭工和切割工：主控室操作工报告的信息主要是：生产计划安排、各项浇铸生产要求以及生产操作程序。引锭工和切割工要及时反馈送引锭、脱锭、切割铸坯以及异常事故等情况。

8.6 连铸车间安全操作规程实例

（1）开浇前各种设备要处于良好状态，供水系统要处于正常供水状态，结晶器水缝不得渗水、漏水，等待浇铸的结晶器严禁进水，否则必须更换。

（2）浇注过程中，时刻观察结晶器液面和结晶器使用情况，发现铜管漏水、钢水飞溅、结晶器挂钢或因其他情况碰撞了结晶器，要立即停止浇注。

（3）浇钢过程中，中包包底或包壁发红或水口砖有裂痕，要立即停浇。

（4）中包及中包车溢流口必须保持干燥、畅通，不得有杂物。

（5）浇铸过程中发现漏钢，应立即堵流，以免放射源受损，导致事故扩大。

（6）浇注过程中，严禁进入二冷室和冲渣沟。

（7）在二冷室内检查更换喷淋嘴时，应事先与机长和各流中包工联系确认好，防止误操作而发生事故。

（8）进二冷室检查前必须使用安全电压照明，要确认上方有无松动的冷钢、残渣及活动物体，如有，先清除方可进入，并要站稳防止滑倒摔伤，同时要有人监护。事故包里面不得有水或潮湿物及易爆、密闭容器类物品，以防爆炸。

（9）要经常观察管道、阀门是否漏水，若发现水压、流量异常立即通知机长采取措施。

（10）在停机检修时，必须挂牌，严禁搭车检修作业。开机必须确认无误后，方可。

（11）射源只准在调试或开浇时打开，调试或浇铸完毕后应立即关闭；操作期间人员应避开辐射方向。

8.7　方坯连铸机生产技术操作规程实例

8.7.1　连铸机主要工艺设备参数

连铸机设备工艺参数如表 8－1 所示。

表 8－1　连铸机设备工艺参数表

机、流数	四机四流
二机中心距离/mm	1100
二流中心距离/mm	1100
结晶器断面/mm	150 × 150　　120 × 120
结晶器冷却水量/t·(h·只)$^{-1}$	100 ~ 130
外弧曲率半径/mm	6000
中间包容量/t	16
最大拉坯力/t	20
最大矫直力矩/t·m	25
工作拉速范围/m·min^{-1}	2 ~ 2.5
铸坯切割方式	火焰切割
年设计能力/万吨	30

8.7.2　开浇前的准备

检查全部信号、通讯电气、液压和机械设备，特别是回转台和大包滑动水口开启机构。

8.7.3 开浇

(1) 开浇前10min，冷却水泵打开，开始送水、气、电等。必须再次检查电、水、气设备，尤其是结晶器的水压和流量。

(2) 钢包钢水吊至回转台一端（事故位置），中间包水口停止烘烤，中间包小车载包开至浇铸位置；操作回转台，使其回转180°至浇铸位置，安装好滑动水口开启机构。

(3) 有关操作人员做好浇铸准备，仪表全部打开，并在记录纸上记下开浇时间并打开排汽风机。

(4) 认真检查引锭头和引锭杆是否移动、结晶器内发现异物或大量渣粉必须清除，结晶器漏水必须修好后才能开浇。

(5) 中间包开到浇铸位置，应尽快检查和调整水口与结晶器上口对中，并检查开关、塞棒及包盖情况。发现变形、移动等异常情况应及时校正，防止自动放钢。

(6) 开浇或调包之前，必须用油回丝在结晶器壁四周均匀涂擦一层油。促使引流后产生燃烧带走结晶器内原有水分，防止爆炸。

(7) 机长检查浇钢准备工作，待全部完善才能开浇，同时大包工将冷却塞杆的压缩空气打开。

(8) 使用碳化稻壳前必须检查干燥情况，受潮不得使用。开浇第一步中间包钢水放至200mm时，放入一定量的碳化稻壳。浇铸过程中必须视情况补加，确保钢液面被碳化稻壳覆盖。

(9) 钢包开浇后，钢流要适当控制，减少钢流飞溅，当中间包钢液面放至1/2处，可迅速开关塞棒调节钢流，防止中间包钢水溢出，检查钢包钢流和水口控制情况，中间包钢液面控制在4/5处。

(10) 当中间包液面放至4/5处后，镇静时间大于1min后即可开浇。全流开浇，待钢流成形，液面上升到一定高度后方可试开关，严禁在散流情况下试开关，避免猛刹开关，液面距结晶器上口150~200mm处开始拉坯。

(11) 出苗时间不小于30s，起步拉速为0.4~0.5m/min，同时开循环冷却水。

(12) 中间包烘烤停火至中间包开浇时间必须大于10min。

(13) 钢水必须脱氧良好、流动性好。中间包内钢水温度符合以下要求：

1号机开浇、调包时温度为1550~1600℃；续浇时中间包钢水温度为1520~1570℃。

(14) 引锭头出了结晶器，进入二次冷却后，可逐步加快拉速至正常拉速，发现液面下降幅度较大时，必须降速或停车，等液面上升后，稳步加速，同时二次冷却开始供水，水量应根据拉速、铸坯温度相应变化。

(15) 开浇时，先敞开四流浇铸，待开浇正常后，再装长水口浇铸，但不宜过早、过迟。长水口潜入深度为60~80mm，同时加入适量的保护渣，加渣要勤加、少量加、见红加。

(16) 铸坯进入切割区前，切割机作好切割准备，以便正常切割。

8.7.4 浇铸操作

(1) 中间包液面控制在4/5左右，钢包浇铸后期，中间包要放满，但不得使钢水溢出，以免损坏包盖和开关机件。

（2）浇钢工必须在浇铸早、中、后三期三次观察大包钢水温度和流动情况，温度测定用中间包钢液热电偶测温，钢液面控制力求平稳，中间包液面正常时应控制在 350～400mm 高度。

（3）同一只中间包只准浇铸同一钢种，换钢种必须换中间包，应尽量控制二炉的混合钢水。

（4）浇铸过程中，原则上不准用氧气吹钢液。

（5）控制好结晶器液面，减少上下波动，铸机要求钢液面低于结晶器上口 30～50mm，拉速变化应控制在 0.1m/min。

（6）结晶器四周渣壳应经常击碎，结晶器上口的残渣钢应用捞渣棒铲除，不准用氧气管吹氧清除。

（7）根据钢种、拉速和铸坯温度控制二次冷却流量，确保矫直温度在 900～950℃。

（8）切割操作台必须按定尺切割，防止割斜和重割痕发生，并注意铸坯在辊道上运行情况，防止因顶死而停浇。

（9）连浇炉号的划分以钢包开浇后浇铸的铸坯为下炉炉号的开始。

（10）交接班时，各班一定要交清所浇钢种、开关和设备情况，对异常情况必须讲清楚并进行初步分析。

8.7.5 停浇操作

（1）中间包停浇：中间包钢水在 100～150mm 时停浇、停车。液面凝固后，以 0.6～1.0m/min 拉速拉下，铸坯出二冷区后，停二冷水。

（2）铸坯出拉矫机后，凡遇设备检修或停浇 8h 以上时，必须关闭结晶器水阀门或通知净循环停水。

（3）铸坯切割最后一根允许双倍尺，然后割炬熄火。

（4）铸坯全部出辊道后，设备冷却水和切割冲氧化铁水关闭，设备停电。

（5）停浇后，必须将辊道上的所有铸坯吊至精整场地。

8.7.6 浸入式水口保护渣浇铸

（1）伸入式水口材质为熔融石英质或铝碳质，水口内径为 ϕ75mm，原则上浇铸碳钢时采用熔融石英质水口，低合金锰钢采用铝碳质水口。伸入式水口使用前必须经过烘烤。

（2）保护渣采用如下配方：

高炉渣粉：30%；电炉白渣粉：30%；钾长石粉 5%；低碳石墨：5%；水晶石粉 5%；萤石粉：10%。

（3）保护渣粉度为 0.246～0.175mm（60～80 目），水分要求不超过 0.5%，保护渣拌匀干燥，并在烘房中保存，结块的保护渣不能使用。

（4）浇铸前中间包小车必须试车，以保证使用可靠。载包小车必须升到结晶器上方进行中间包水口定位，以便安装伸入式水口。

（5）中间包的定位和伸入式水口的安装必须抓紧时间进行。

（6）引锭头出结晶器，钢液面稳定后，中间包再下降，进行伸入式浇铸，钢液面立即加保护渣覆盖，伸入式水口潜入液面下60～80mm。

（7）保护渣要勤加、少加、见红加，保证多液面粉状覆盖及结晶器壁接触处的熔融状态。

（8）浇铸时，发生中间包水口黏结，取下伸入式水口，如伸入式水口通畅，可对上水口进行烧氧，再加伸入式水口浇铸，如伸入式水口黏住，可换伸入式水口继续浇铸。

8.8　板坯连铸机生产技术操作规程实例

8.8.1　连铸机主要工艺设备参数

板坯连铸机参数如表8－2所示。

表8－2　连铸机设备工艺参数

机型、流数	立弯型、单流
钢包容量/t	65
转炉容量/t	50
结晶器断面/mm	200×700
结晶器冷却水量/t·(h·只)$^{-1}$	200～240
外弧曲率半径/mm	
中间包容量/t	
最大拉坯力/t	
最大矫直力矩/t·m	
工作拉速范围/m·min^{-1}	
铸坯切割方式	火焰切割
年设计能力/万吨	200
扇形段长	
机长	
定尺	
冶金长度	
最大拉速	

8.8.2　开浇前的准备

8.8.2.1　连铸机外围部分的准备与检查

A　中间包

开浇前必须检查并确保中间包内无残存物，以免开浇水口堵塞。

B　浸入式水口

对浸入式水口，要注意以下几点：

（1）安装前要确认浸入式水口的规格和外观质量。

（2）安装时确保水口与座砖间填实泥料。如使用中间包滑板，则要确保与滑板下水口啮合良好。

(3) 确保水口垂直，且两个侧孔需与结晶器宽度方向保持一致。

(4) 安装完水口后中间包需静置1h方可进行其他作业。

C　中间包滑动水口

对中间包滑动水口，要注意以下几点：

(1) 认真检查滑板机构及滑板符合尺寸和质量要求。

(2) 严格按规定步骤安装滑板，并连续试滑数次，确保无异常声音且状态正常。

(3) 将上水口内泥料清除干净。

D　塞棒

对塞棒，要注意以下几点：

(1) 检查并确认塞棒的尺寸和外观质量。

(2) 塞棒机构上下运动时松紧适度，必要时重新调整。

(3) 塞棒安装时必须对准浸入式水口碗，并且保证上下行程足够。

(4) 确保氩气接头和系统不漏气。

E　中间包对中和预热

中间包在预热烘烤前必须进行对中工作。即将中间包升至一定高度，开到结晶器上方，慢慢降下中间包，使浸入式水口进入结晶器并调整到准确位置，然后返回烘烤位置进行预热。

中间包烘烤必须注意以下几点：

(1) 中间包内衬烘烤时间一般为1～2h，烘烤温度达到1000～1100℃。

(2) 浸入式水口，如是石英水口可以不烘烤，如需要，则从外面加热，温度不得超过800℃，而铝碳质水口必须烘烤，烘烤时间应控制在50min左右达到规定温度，保温时间不能过长，防止氧化。

(3) 中间包烘烤时，要确认塞棒是打开的，以便让热空气进入浸入式水口内部。

F　引锭头

要检查前一次浇铸所使用过的引锭头，如有残渣、残钢等物，必须清除，以免损坏相关设备。然后根据下一次浇铸计划，调整引锭头宽度，做好准备。

G　其他准备

其他准备包括随时了解生产调度信息，如下一次计划的钢种、出钢时间、重量、温度等，还要与火焰切割和精整保持联系。

8.8.2.2　连铸机本体的准备与检查

当上一浇次尚在进行“尾坯输出”操作程序时，就应立即着手下一浇次的准备工作。

A　结晶器

上次浇铸结束后，就要用水或压缩空气清洗结晶器盖板，并清除可能存留的残渣残钢，然后认真进行下列检查工作。

(1) 铜板磨损情况检查。如发现铜板划伤、磨损超过了规定公差，则必须更换结晶器。如情况轻微，则可用手砂轮机进行打磨（尤其在结晶器钢液面附近区域）。

(2) 冷却水检查。只要发现与结晶器连接的冷却水管、软管、接头等任何地方有漏水现象，必须立即彻底处理好或更换结晶器。

(3) 足辊检查。检查足辊是否弯曲，转动是否自如，与铜板对中是否在规定公差之内。

B 二次冷却水检查

二次冷却水检查主要指足辊区和零段。用肉眼检查的方法，借助于照明灯具（手提），按照控制回路逐个进行检查。主要检查喷嘴是否被堵塞，喷水形状是否正常，要确保冷却水喷到铸坯表面而不是辊面上。

对于二次冷却区以下几个区段的检查，主要是检查其流量和压力，以此判断喷嘴是否堵塞和水管是否脱落。当然如果有自动检测的二次冷却水装置的话，则检查会更有效。

C 结晶器锥度

主要指结晶器锥度的检查和设定，这是一项十分重要而必须认真执行的工作。常用的工具是锥度仪，即便结晶器具备自动调锥功能，也必须用锥度仪进行检查确认。如发现锥度值超过规定公差，则需重新打开结晶器进行调整。再一次调整结束后，仍应用锥度仪进行复验，直至正常为止，在没有锥度仪的情况下，用“吊线锤”的办法也可进行检查。

在锥度调整结束后，还需检查结晶器宽面和窄面的接缝，使之小于规定公差，如果存在小于规定公差的间隙，还需用特殊的胶泥填塞缝隙，以免在开浇或浇钢过程中发生挂钢而导致漏钢。

D 结晶器、引锭头密封

结晶器、引锭头密封直接关系到开浇成功与否，因此必须严格按下列步骤进行。

(1) 在进行结晶器锥度检查、调整前应按规定程序将引锭头送入结晶器，并注意：

1) 将保护板放于铜板表面，以免送引锭时划伤铜板；

2) 确认引锭头必须是干燥和干净的，否则用压缩空气吹扫；

3) 引锭头进入结晶器，其顶面与结晶器下口的距离为：

700mm 结晶器 100~150mm

900mm 结晶器 180~300mm

4) 引锭头四周与结晶器铜板的间隙符合要求并大致相同。

(2) 调整结晶器锥度。

(3) 用直径为 10~15mm 的纸绳对引锭头与结晶器的间隙进行仔细的填充、密封。纸绳必须填满、填实并略高于引锭头上表面。

(4) 将铁钉末撒在引锭头表面，铺平，厚度约为 20~30mm。

(5) 放入冷却废钢，位于钢流易冲到之处，并注意需与结晶器铜板保持有 10mm 的间距。

(6) 用菜籽油涂于铜板表面，防止钢水与铜板黏接。

上述工作做完后，将剩余的材料、工具从结晶器盖板上取走，并准备好所需的保护渣。

E 其他准备工作

其他准备工作主要是指准备好所有开浇、浇铸需要的东西，如保护渣、添加保护渣的工具、氧管、取样器等。另外在连铸主控室还要对各种参数进行确认，如各种冷却水、事故水、电气、液压、火焰切割机等。

8.8.3 开浇操作

8.8.3.1 钢包开浇

A 钢包开浇前中间包对位

当钢包到达回转台时，立即按下列程序将中间包开到浇铸位对位：

(1) 停止烘烤，并关闭塞棒或滑板。

(2) 将中间包小车由烘烤位开到浇铸位，并重新对中。

(3) 下降中间包，直到浸入式水口达到结晶器内的设定位置。

1) 对700mm结晶器，浸入式水口底距离引锭头50mm；

2) 对900mm结晶器，浸入式水口侧孔上缘距离液面180mm。

(4) 重新试塞棒或滑板，确信都是正常的，并再次关闭。

B 钢包开浇

上述4项工作做完后，就具备了钢包开浇的条件，需特别指出的是，从“停止中间包烘烤”到“钢包开浇”的时间要控制得尽可能短，否则会因浸入式水口等耐火材料降温过大而导致开浇困难，比如塞棒头结冷钢引起的塞棒失灵或水口完全被堵死等。

钢包开浇的步骤如下：

(1) 将钢包旋转到浇铸位，下降钢包，并安装保护管。

(2) 打开钢包滑动水口，钢水流入中间包（如钢包不能自开，则需卸下保护管进行烧氧引流，然后再恢复保护管进行正常操作）。

(3) 按规定数量向中间包钢液面投加保护渣。

8.8.3.2 中间包开浇

通常，当中间包钢水达到1/2高度时就可进行中间包开浇操作。

A 用塞棒开浇

用塞棒进行中间包开浇通常是以手动方式进行的。开浇步骤如下：

(1) 打开塞棒，钢水流入结晶器，打开塞棒要小心，要控制钢流不能过大，防止钢水将引锭头密封材料冲离原来位置或向铜板喷溅。

(2) 试棒1~2次，确认塞棒控制正常，一般试棒操作应在钢水淹没浸入式水口侧孔之前进行。

(3) 当钢水淹没浸入式水口侧孔时，向钢液面添加保护渣。

(4) 控制从“中间包开浇”到钢水接近正常钢液面的时间为（按断面大小）35~50s。

在中间包开浇中还需注意，当钢水温度较低时，中间包开浇时间可提前，即在中间包内钢水量小于中间包容量的1/3时就开浇，另外如发生塞棒关闭不严现象，可立即开浇，否则会引起结冷钢而导致开浇失败。

B 用滑板开浇

中间包滑动水口控流，易于采用自动方式开浇。通常在中间包内要安装一个开浇管，与滑板上水口相连。开浇前滑板是打开的，并设定一个与控制结晶器“出苗”时间（开浇至钢水达钢液面的时间）相适应的开口度，同时结晶器液面自动控制系统投入工作状态，以监测结晶器钢液面的实际上升高度。因此，钢包开浇后，当中间包内钢水超过开浇管高度时，钢水就自动流入结晶器，并由预先设定的滑板开口度来控流，当钢水达到规定液面高度时，检测系统发出信号启动拉矫机，同时也实现了铸机的自动开浇。

当然也可用滑动水口进行中间包手动开浇，步骤与塞棒相同。

8.8.3.3 铸机开浇

铸机开浇就是指拉矫机启动。在全自动方式时，即由上所述，拉矫机是由液面自动控制系统发生指令而自动启动的。在手动方式时，操作工只需按下“启动”按钮，拉矫机就随即启动。随着拉矫机的启动，连铸机的相关设备都自动启动了，这些功能包括：拉矫传动、结晶器振动、二次冷却水、蒸汽排出、浇铸跟踪系统等。

铸机开浇后最重要的操作是拉速（升速）的控制。过快的升速会使坯壳头部与引锭头拉脱而导致开浇漏钢，过慢的升速会导致堵水口而使开浇失败。因此，升速是按以下要求来控制：

（1）开浇前，根据钢种、断面预先设定起步拉速：0.3～0.5m/min。

（2）铸机开浇后1min内，保持这个起步拉速。

（3）从第2min开始，将起步拉速缓慢上升到0.8～1.0m/min。

（4）保持这个拉速，直至第一次中间包钢水测温（通常在钢包开浇的3～5min内测温）结果报出，再决定拉速的调整。

8.8.4 正常浇铸

8.8.4.1 正常浇铸操作

当铸机开浇正常，拉速达到与浇铸温度相适应的值时，就可转入正常浇铸操作了。正常浇铸操作需强调以下几点：

（1）钢包滑动水口是通过中间包称重装置来实行自动控流的。因此操作工的工作重点要放在保护管的密封性能、中间包钢液面保温情况上，并按规定对中间包钢水进行测温、取样。

（2）根据所测中间包钢水温度，及时调节拉速。

（3）结晶器液面的控制是连铸操作的核心，因此必须注意：

1）准确控流，采用自动方式控流，使结晶器液面波动范围在±3mm之内（最大为±5mm）；

2）添加保护渣要均匀，不能局部透红，粉渣厚度应小于30mm。渣条、渣圈要及时捞除；

3）吹氩量尽可能小，以保持钢液面的平静，且减少铸坯表面或皮下针孔；

4）注意调整浸入式水口插入深度，使结晶器内热流分布均匀；

5）结晶器钢液面高度以距铜板上缘75～100mm为宜。

（4）监视设备状况和各种浇铸参数。这项工作主要在主控室进行。

正常浇铸还包括以下两项操作，以实现多炉连浇。

8.8.4.2　换钢包操作

更换钢包的操作要注意以下两点：

（1）换包前要使中间包装有足够钢水，以免在换包过程中降低拉速。这对于容量较小的中间包，尤其要引起重视。

（2）要保持钢包长水口良好的密封性，同时要做到，既不让钢包渣流入中间包，又不要使更多钢水因无保护管而氧化，因此要做到：

1）借助于称重装置和操作人员的责任心，适时关闭滑动水口（最好采用钢包下渣监测技术），卸下保护管；

2）对卸下的保护管的水口碗进行烧氧清洗，确保下一炉使用时有一个好的配合面；

3）按钢包开浇前的操作程序对下一个钢包安装保护管并立即开浇。

8.8.4.3　快速更换中间包操作

更换中间包操作是为了实现多炉连浇的需要，由于该项操作通常在停机状况下进行，因此操作难度大，要求设备稳定、操作娴熟。大致操作步骤如下：

（1）将下一炉钢包旋转到浇铸位置。

（2）当上一个中间包钢水为1/4时，降低拉速。

（3）停止下一个中间包的烘烤，并将其开到还在浇铸的中间包的旁边。

（4）关闭上一个中间包，停止拉矫机。然后升起上一个中间包，同时同向开动两个中间包，使下一个中间包到达浇铸位置。

（5）打开钢包，使钢水注入新中间包。

（6）当中间包钢水达到一定量时，开始下降新中间包。

（7）当浸入式水口插入结晶器钢水时，打开塞棒或滑板，启动拉矫机，拉速为0.3m/min。

（8）更换结晶器保护渣。

（9）当接痕离开结晶器后，可按开浇升速方法逐步提高拉速并转入正常浇铸。

更换中间包操作的要点在于控制时间，通常要求在2min内完成，而最长时间不得超过4min，否则会因新旧铸坯“焊合”不好而漏钢。另外升速也必须更为小心，否则会使接痕拉脱而发生漏钢。

8.8.5　停浇操作

8.8.5.1　钢包浇铸结束

钢包浇完后，中间包继续维持浇铸。当中间包钢水量降低到1/2时，就要开始逐步降低拉速，直至0.4m/min。

8.8.5.2　中间包停止操作

当中间包钢水量降低到接近极限位置时，要迅速捞净结晶器上层的保护渣，一旦捞净渣子，立即关闭中间包水口，并开走中间包，按下“浇铸结束”按钮。

8.8.5.3 封顶操作

当捞净结晶器保护渣后，用细钢棒或吹氧管轻轻搅动钢液，这项操作要均匀、充分。然后用喷淋水喷在钢坯尾端，加快其凝固，形成钢壳。

8.8.5.4 尾坯输出

当确信封顶操作已达预期效果后，将按钮打到“尾坯输出”，拉坯速度应缓慢上升，以免液态钢从尾端挤出。尾坯输出的最高拉速可达正常拉速的20%～30%。

复习思考题

8-1 什么是连续铸钢?
8-2 简述连续铸钢生产过程。
8-3 连铸机如何分类?
8-4 连铸车间的主要设备有哪些?
8-5 连铸车间都有哪些岗位，职责是什么?
8-6 连铸车间操作应注意哪些安全问题?
8-7 举例说明连铸生产工艺技术操作规程?

9 轧钢生产

9.1 轧钢生产的作用和地位

冶金工业是国民经济的基础工业，是向国民经济各部门如工业、农业、交通运输、国防工业等提供金属材料的基础工业。因此，它是实现国家强盛的物质基础之一。

煤炭、石油、化工、机械制造、电站、交通运输、轻工业、农业、国防建设及科学技术等所有部门，都需要各种各样的金属材料，特别是钢材。建造一座较大规模的工业厂房就需要各种钢材如钢筋、钢梁及屋面板等几千吨甚至几万吨；铺设一公里铁路，仅钢轨一项就要用100多吨；制造一辆汽车，就需要三千多种不同规格的钢材；造一艘万吨巨轮，要用近6000吨钢材；国防建设与航空航天技术更是需要各种高、精、尖的金属材料。

金属材料最终都是通过金属压力加工的方法而形成具有一定形状、尺寸、性能的产品，包括轧制、锻造、挤压、拉拔、冲压等。这些方法中轧制生产具有生产效率高、产量大、品种多、自动化程度高等优点，成为钢材生产中最主要的成型方法，绝大多数钢材都通过轧制生产方式获得。因此，轧钢生产在冶金行业乃至国民经济基础产业中起着非常重要的作用。

9.2 轧钢生产及钢材产品分类

9.2.1 轧制

所谓轧制，就是把金属送入旋转着的轧辊中，轧辊给金属一定的压力，使金属产生塑性变形，以获得要求的截面形状和尺寸，并同时改善金属性能的方法。轧制目的：轧件断面尺寸减小而长度增大；得到用户所需要的形状和尺寸；获得所要求的性能。

轧制的优点是生产率高、品种多、质量好、生产过程易连续化和自动化等。因此，有85%～90%的钢材是用轧制方法生产的。轧制方法很多，按轧制时轧件与轧辊的相对运动关系不同，可分为纵轧、横轧和斜轧，如图9－1～图9－3所示。

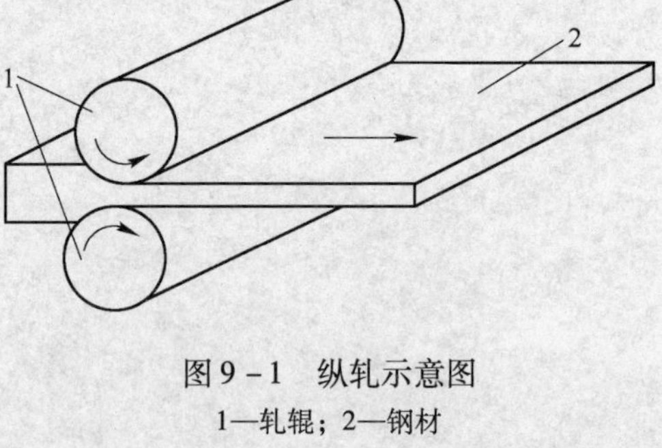

图9－1　纵轧示意图

1—轧辊；2—钢材

9.2.2 冷轧、热轧

钢材轧制根据加工温度不同可以分为热轧和冷轧两种方法。将金属加热到再结晶温度以上进行的轧制叫热轧。在再结晶温度以下进行的轧制叫冷轧。

热轧可以消除加工硬化，改善铸锭中的组织缺陷以及材料的性能，能使金属的硬度、强度、脆性降低，塑性和韧性增加，而易于加工。但在高温下钢件表面易生成氧化铁皮，

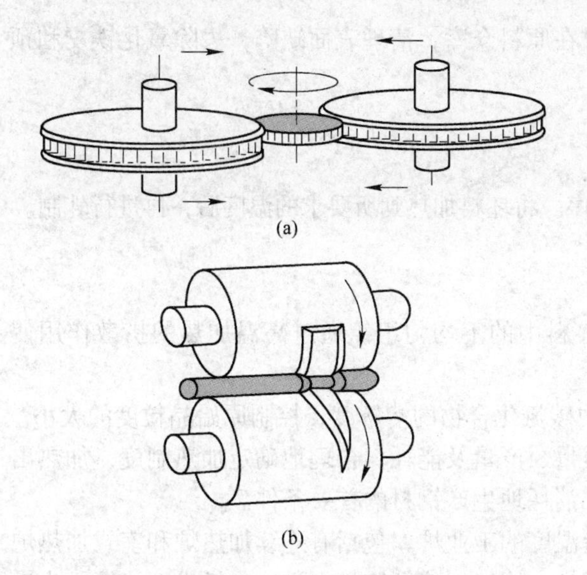

图9－2　横轧示意图
（a）径向进给横轧；（b）辊式楔形模横轧

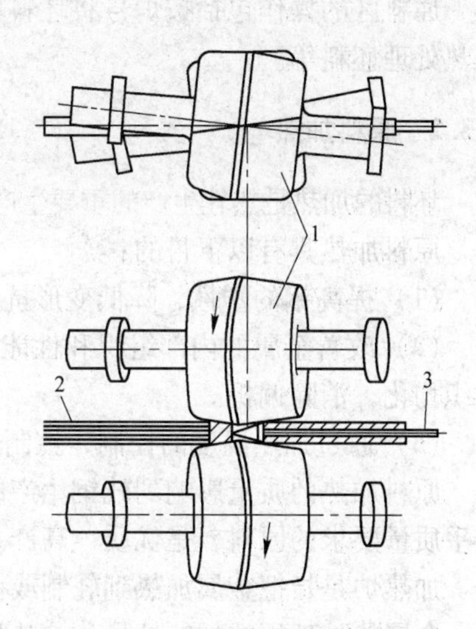

图9－3　斜轧示意图
1—轧辊；2—圆坯；3—顶杆

使产品表面粗糙度增大，尺寸不够精确。冷轧的优缺点与热轧相反。

9.2.3　钢材产品分类

钢材品种多种多样，分类方法也有很多，按照钢材的断面形状来分类，可以分为型钢（角钢、槽钢、螺纹钢、工字钢、圆钢等）、板带钢（钢板、钢带）、钢管和特殊用途钢材（齿轮、车轮、钢球、螺丝、丝杠等）等四类。

型钢可用于机械制造业、造船工业、建筑等领域，常用于制造金属结构部件、桥梁、铁路车辆、工业建筑和农业机械等。

板带钢主要用于锅炉、造船、车辆、桥梁、槽罐、化工装置、汽车、电机、变压器、仪表外壳、家用电器、各种包装盒以及防水层等，也常用于制造弯曲型钢和焊接钢等的原料。

高级的无缝钢管主要用途是高压用管、化工用管、油井用管、炮管、枪管，也用于航空、机电、仪器仪表元件等。一般的焊接钢管可用于煤气管、水道用管、自行车和汽车用管等。

9.3　轧钢生产的基本工艺流程

将化学成分和形状不同的连铸坯或者钢锭，轧成形状、尺寸和性能符合要求的钢材，需要经过一系列的工序，这些工序的组合和顺序叫做轧钢生产的工艺过程。

由于钢材的品种繁多，规格形状、钢种和用途各不相同，所以轧制不同产品采用的工艺过程也不同。但是整个轧钢生产工艺过程基本是由原料及准备、原料加热、轧制和精整等几个基本工序组成的。

9.3.1　原料及准备

轧制时所用的原料有三类：钢锭、初轧坯和连铸坯。

原料区的操作包括按炉号将坯料堆放在原料仓库，清理表面缺陷，去除氧化铁皮和预先热处理坯料等。

9.3.2 原料加热

坯料的加热是热轧生产的重要生产工序。将坯料加热到所要求的温度后，再进行轧制。

原料加热具有以下目的：

(1) 提高钢的塑性，降低变形抗力。

(2) 改善金属的内部组织和性能。坯料中的不均匀组织通过高温加热的扩散作用使组织均化，消除偏析。

(3) 通过加热温度的控制，控制钢中碳氮化合物的溶解度，控制原始晶粒度的大小。

原料加热的质量影响到轧钢生产的质量、产量及能耗。合理地确定加热制度，加热出合乎质量要求的原料，是优质、高产、低消耗地生产钢材的首要条件。

加热炉是指把金属加热到轧制或锻造温度的工业炉，包括有连续加热炉和室式加热炉等。金属热处理用的加热炉另称为热处理炉。连续加热炉广义来说，包括推钢式炉、步进式炉、转底式炉、分室式炉等连续加热炉，具体如图 9－4、图 9－5 所示。

图 9－4 推钢式加热炉

图 9－5 连续式加热炉

9.3.3 轧制

图 9-6 轧钢机

轧制是整个轧钢生产工艺过程的核心。坯料通过轧制完成变形过程。轧制工序对产品的质量起着决定性作用。

轧制产品的质量要求包括产品的几何形状和尺寸精确度、内部组织和性能以及产品表面质量三个方面。制订轧制规程的任务是，在深入分析轧制过程特点的基础上，提出合理的工艺参数，达到上述质量要求并使轧机具有良好的技术经济指标。

轧制钢材的设备称为轧钢机。轧钢机由轧辊、组装轧辊用的机架、使上下轧辊旋转的齿轮座、电动机等部分组成，此外还有连接用的中间接轴和联轴节等部件，如图 9-6 所示。

9.3.4 精整

精整是轧钢生产工艺过程中的最后一个工序，也是比较复杂的一个工序。它对产品的质量起着最终的保证作用。产品的技术要求不同，精整工序的内容也大不相同。精整工序通常包括钢材的切断或卷取、轧后冷却、矫直、成品热处理、成品表面清理、打捆和标志等许多具体工序。

9.4 典型钢材产品生产

9.4.1 中厚板生产

9.4.1.1 中厚板的用途及分类

钢板是平板状、矩形的，可直接轧制或由宽钢带剪切而成，与钢带合称板带钢。

按照习惯，钢板按厚度分为厚板、中板和薄板。厚度小于 4mm 的钢板叫薄板。厚度为 4~20mm 的钢板叫中板，21~60mm 的叫厚板，大于 60mm 的钢板叫特厚钢板，也属于厚板范围。在我国习惯上把厚度为 4mm 以上的钢板统称为中厚钢板。

中厚钢板至今大约有 200 年生产历史，它是国家现代化不可缺少的一项钢材品种，被广泛用于大直径输送管、压力容器、锅炉、桥梁、海洋平台、各类舰艇、坦克装甲、车辆、建筑构件、机器结构等领域，其品种繁多，使用温度区域较广（-200~600℃），使用环境复杂（耐候性、耐蚀性等），使用要求高（强韧性、焊接性等）。

世界上中厚板轧机生产的钢板规格通常是厚度由 3mm 到 300mm，宽度由 1000mm 到 5200mm，长度一般不超过 18m。但特殊情况时厚度可达 380mm，宽度可达 5350mm，长度可达 36m，甚至 60m。

9.4.1.2 中厚板生产的主要设备

A 中厚板轧机及布置

用于中厚板生产的轧机有二辊可逆式轧机、四辊可逆式轧机和万能式轧机。

a　二辊可逆式轧机

二辊可逆式轧机（见图9－7）采用可逆、调速轧制，利用上辊进行压下量调整，得到每道的压下量。因此可以低速咬钢、高速轧钢，具有咬入角大、压下量大、产量高的优点。此外上辊抬起高度大，轧件重量不受限制，所以对原料的适应性强，既可以轧制大钢锭也可以轧制板坯。但是二辊轧机的刚度较差，钢板厚度公差大。因此一般只适于生产厚规格的钢板，而更多的是用作双机布置中的粗轧机座。

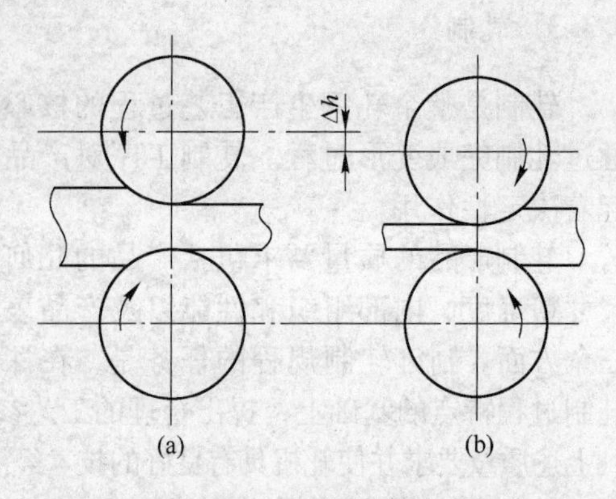

图9－7　二辊可逆式轧机轧制过程示意图
（a）第一道轧制；（b）第二道轧制

钢板轧机按轧辊辊身的长度来标称。“3500钢板轧机”即指轧辊辊身长度 L 为3500mm的钢板轧机。二辊可逆轧机还常用 $D\times L$ 表示。D 为轧辊直径，L 为轧辊辊身长度。二辊轧机的尺寸范围：$D=800\sim1300$mm，$L=3000\sim5000$mm。轧辊转速30～60（100）r/min。我国的二辊轧机 $D=1100\sim1150$mm，$L=2300\sim2800$mm，都用作双机布置中的粗轧机座。

b　四辊可逆式轧机

四辊可逆式轧机（见图9－8）是由一对小直径工作辊和一对大直径支撑辊组成，由直流电机驱动工作辊。轧制过程与二辊可逆式轧机相同。它具有二辊可逆轧机生产灵活的优点，又由于有支撑辊使轧机辊系的刚度增大，产品精度提高，而且因为工作辊直径小，使得在相同轧制压力下能有更大的压下量，提高了产量。这种轧机的缺点是采用大功率直流电机，轧机设备复杂，和二辊可逆轧机相比如果轧机开口度相同，四辊可逆轧机将要求有更高的厂房，这些都增大了投资。

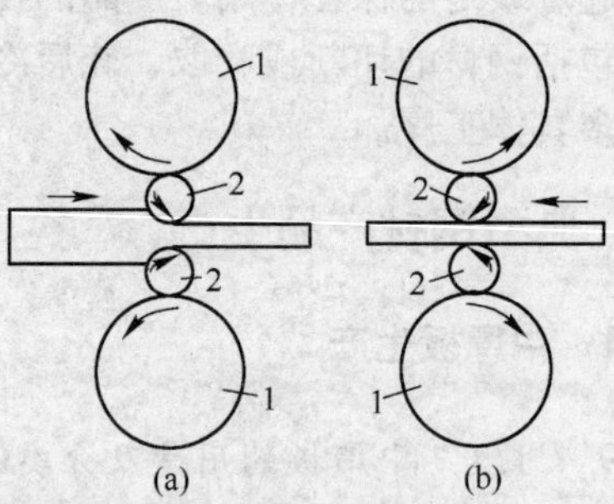

图9－8　四辊可逆式轧机轧制过程示意图
（a）第一道轧制；（b）第二道轧制
1—支持辊；2—工作辊

四辊可逆轧机用 $d/D\times L$ 表示，或简单用 L 表示。D 为支撑辊直径，d 为工作辊直径，L 为轧辊辊身长度。四辊可逆轧机的尺寸范围：$D=1300\sim2400$mm，$d=800\sim1200$mm，$L=2800\sim5500$mm。四辊轧机是轧机中最大的，由于这类轧机生产出的钢板质量好，已成为生产中厚板的主流轧机。

图9－9为四辊轧机电动机直接传动轧辊的主传动示意图。两个工作辊由电动机通过接轴单独驱动，轧辊的速度同步由电气设备来保证。这种主机列减少了传动系统的飞轮力矩和损耗，缩短了启动和制动时间，因此能提高可逆式轧机的生产率。

c　万能式轧机

万能式轧机（见图9－10）是一种在四辊（或二辊）可逆轧机的一侧或两侧带有立辊的轧机。万能式轧机是用来生产齐边钢板，以提高成材率的。

d　中厚板轧机的布置

中厚板轧机的布置形式通常采用单机座布置或双机座布置。

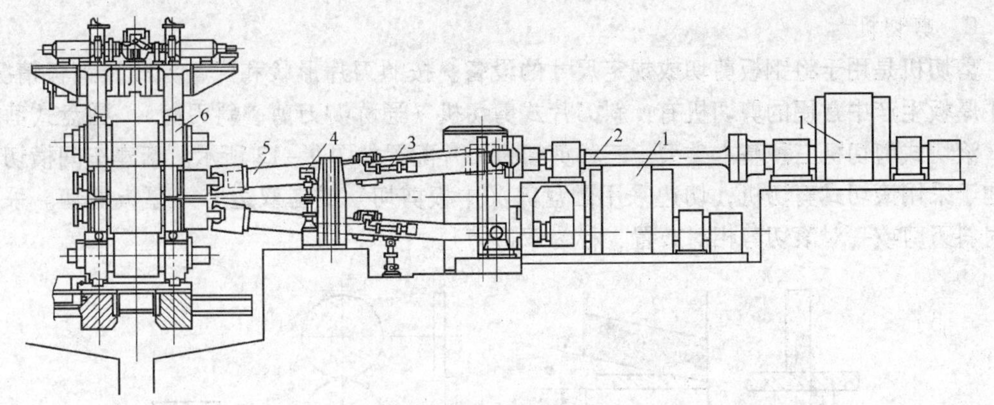

图 9－9 四辊轧机电动机直接传动轧辊的主传动示意图

1—电动机；2—传动轴；3—接轴移出缸；4—接轴平衡装置；5—万向接轴；6—工作机座

单机座布置生产就是在一架轧机上由原料一直轧到成品。单机座布置中，由于粗轧与精轧都在一架轧机上完成，所以产品质量比较差（包括表面质量和尺寸精确度），轧辊寿命短，产品规格范围受到限制，产量也比较低。但单机座布置投资低、适用于对产量要求不高，对产品尺寸精度要求相对比较宽松，而增加另一架轧机后投资相差又比较大的宽厚钢板生产。

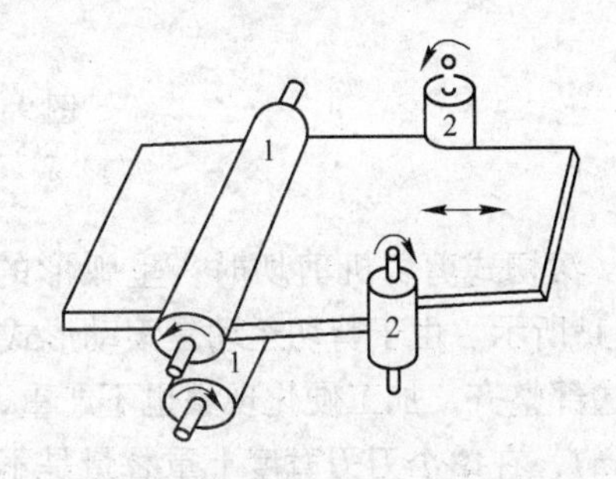

图 9－10 万能式轧机轧制过程示意图

1—水平辊；2—立辊

双机布置的中厚板车间是把粗轧和精轧分到两个机架上去完成，它不仅产量高（一台四辊轧机可达 100×10^4t/年，一台二辊和一台四辊轧机可达 150×10^4t/年，两台四辊轧机约为 200×10^4t/年），而且产品表面质量、尺寸精度和板形都比较好，还延长了轧辊使用寿命。双机布置中精轧机一律采用四辊轧机以保证产品质量，而粗轧机可分别采用二辊可逆轧机或四辊可逆轧机。二辊轧机具有投资少、辊径大、利于咬入的优点，虽然它刚性差，但作为粗轧机影响还不大。

B 矫直机

钢板在热轧时，由于板温不可能很均匀，延伸也存在偏差，以及随后的冷却和输送原因，不可避免地会造成钢板起浪或瓢曲。为保证钢板的平直度符合产品标准规定，对热轧后的钢板必须进行矫直。

中厚板的矫直设备可大致分为辊式矫直机和压力矫直机两种。如图 9－11 所示，辊式矫直机上下分别有几根辊子交错地排列，钢板边通过边进行矫直。压力矫直机有两个固定支点支撑钢板，压板施加压力而进行矫直。

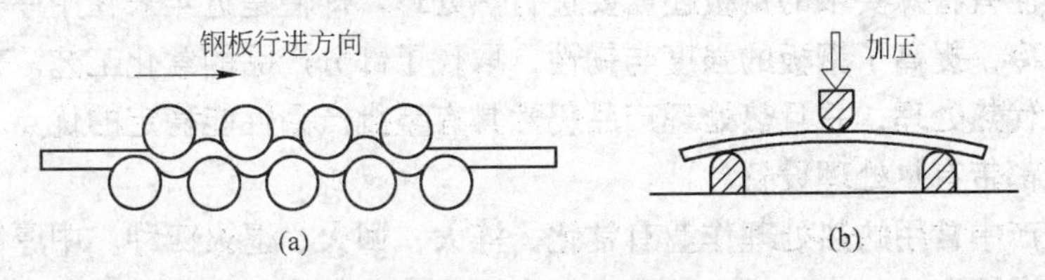

图 9－11 矫直机

（a）辊式矫直机；（b）压力矫直机

C　剪切机

剪切机是用于将钢板剪切成规定尺寸的设备。按照刀片形状和配置方式及钢板情况，在中厚板生产中常用的剪切机有：斜刀片式剪切机（通称铡刀剪、斜刃剪）、圆盘式剪切机、滚切式剪切机三种基本类型。三种剪切机刀片配置如图 9 - 12 所示。新建车间横切剪倾向于采用滚切式剪切机，切边采用圆盘剪（中板剪切）或者双边剪（厚板剪切。采用一对斜刃剪或一对滚切剪相对布置，称为双边剪）。

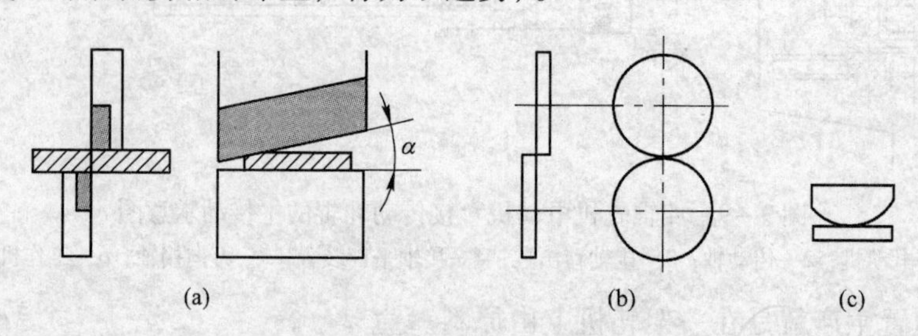

图 9 - 12　剪切机刀片配置图

（a）斜刃剪；（b）圆盘剪；（c）滚切剪

滚切式剪切机剪切时，呈弧形的上刀刃在剪切时相对于平直的下刀刃作滚动，如图 9 - 13所示。由于剪切运动是滚动形式的，与上刀刃倾斜的剪切形式相比剪切质量大为提高。其边部整齐，加工硬化现象也不严重，降低了剪切阻力，刀刃重叠量很小（超出下刀刃 1 ~ 5mm），在整个刀刃宽度上重叠量是不变的，因此避免了钢板和废边的过度弯曲现象。

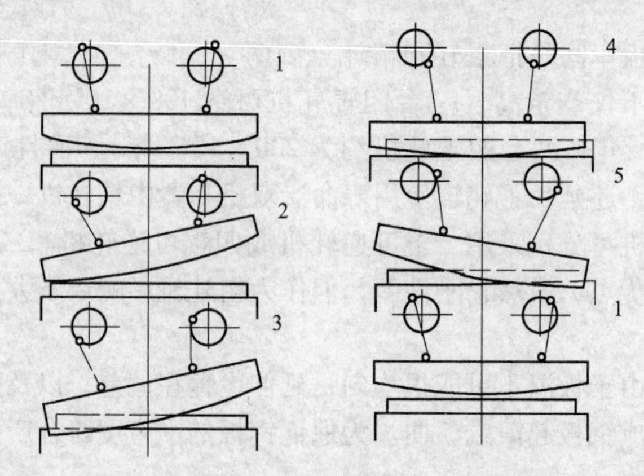

图 9 - 13　滚切式剪切机剪切过程示意图

1—起始位置；2—剪切开始；3—左端剪切；4—中部剪切；5—右端剪切

D　热处理炉

对机械性能有特殊要求的钢板还需要进行热处理。即便是近年来在中厚板生产中广泛采用了控轧控冷，提高了钢板的强度与韧性，取代了部分产品的常化工艺。但是控轧控冷还不能全部取代热处理，并且热处理产品仍然具有整批产品性能稳定的优点。因此现代化的厚板厂一般都带有热处理设备。

中厚板生产中常用的热处理作业有常化、淬火、回火、退火四种。中厚板热处理炉按运送方式分，有辊底式、步进式、大盘式、车底式、外部机械化室式及罩式等六种。按加热方式分为直焰式和无氧化式。淬火机有压力式和辊式，淬火用介质有水和油。

9.4.1.3　某3500mm中厚板厂

A　生产规模及产品方案

生产规模：一期80万吨/年、二期130万吨/年。

产品品种：本车间生产的钢种为碳素结构钢、优质碳素结构钢、低合金高强度结构钢、船板、管线板、厚度方向性能板、汽车大梁板、桥梁板、压力容器板、锅炉板等。

产品规格：钢板厚度6～50mm（二期80mm），钢板宽度1500～3200mm，钢板长度6000～18000mm，钢板重量（最大）11.85t。

连铸板坯规格：厚度180mm、220mm、250mm，宽度1400～1900mm（100mm晋级），长度1900～3200mm。

B　生产工艺流程

生产工艺流程如图9－14所示。

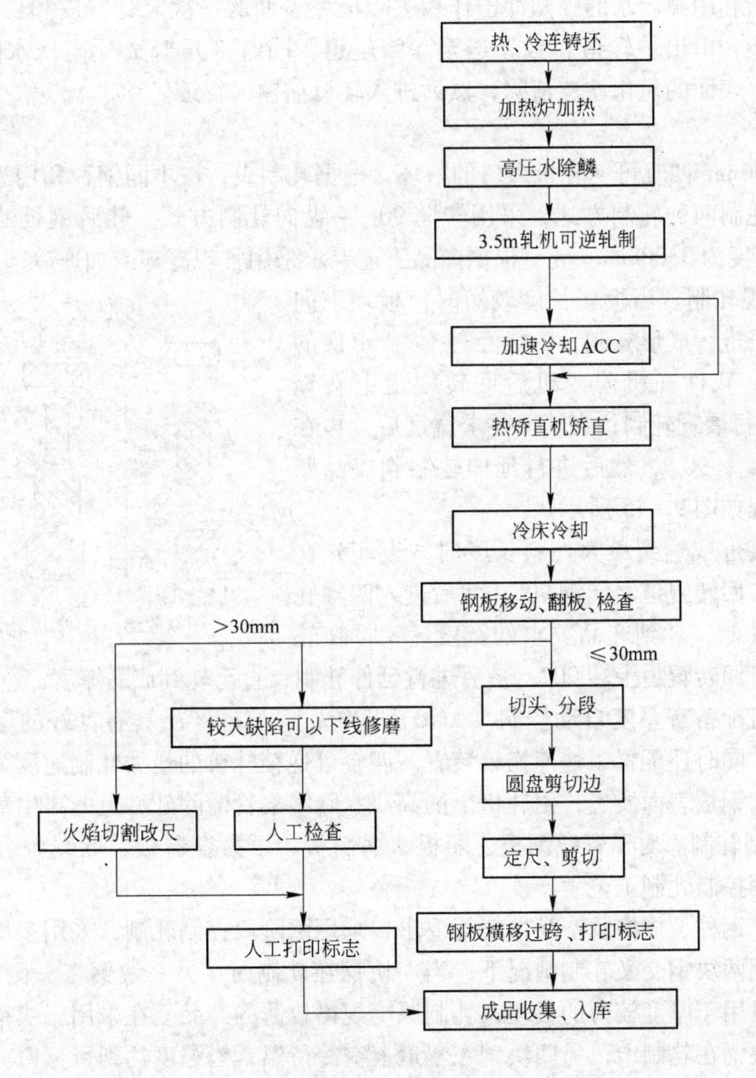

图9－14　生产工艺流程

C　生产工艺流程描述

a　板坯准备及加热

板坯加热采用热装或冷装加热工艺。炼钢厂连铸车间将合格的连铸板坯用辊道运至加热炉入炉辊道，在辊道上进行称重，用推钢机推入加热炉内进行加热。在加热炉跨设有一定的区域，以作轧制跨板坯的存储和缓冲区域。

中厚板厂共设两座推钢式加热炉。加热炉采用双排布料方式。根据生产品种的要求，加热炉各段炉温按照预设定的加热曲线准确控制，板坯一般加热到1150～1250℃。对于控制轧制的微合金化钢，为了缩短控制轧制过程中的待温时间、细化晶粒，板坯一般采用较低的加热温度，其板坯温度约为1100～1150℃。

加热好的板坯，根据轧制节奏，由出钢机依次将板坯从加热炉内一块一块地托出，平放在出炉辊道上。

b　高压水除鳞

除鳞是指利用高压水的强烈冲击作用去除板坯表面的一次氧化铁皮和二次氧化铁皮。加热好的板坯，由出炉辊道将板坯送至除鳞辊道，同时打开18MPa高压水除鳞箱喷嘴，将板坯上、下表面的氧化铁皮清除，然后进入轧机前输入辊道。

c　轧制

送达3500mm四辊可逆轧机入口的板坯，根据轧制表，按不同钢种和用途，采用常规轧制和控制轧制两种轧制方式，采用转向90°+纵向轧制方式，轧后钢板的最大长度为33m，最大宽度为3300mm。轧后根据产品工艺要求采用常规冷却或加速冷却。

（1）常规轧制。当板坯长度较短时，板坯纵向进入四辊轧机进行成形轧制，一般经过1～4道次的成形轧制后，轧件在机前或机后回转辊道上转钢90°，然后进行展宽轧制；当轧至要求宽度后，再在回转辊道上转钢90°，然后进行延伸轧制到成品厚度。轧制过程如图9－15所示。

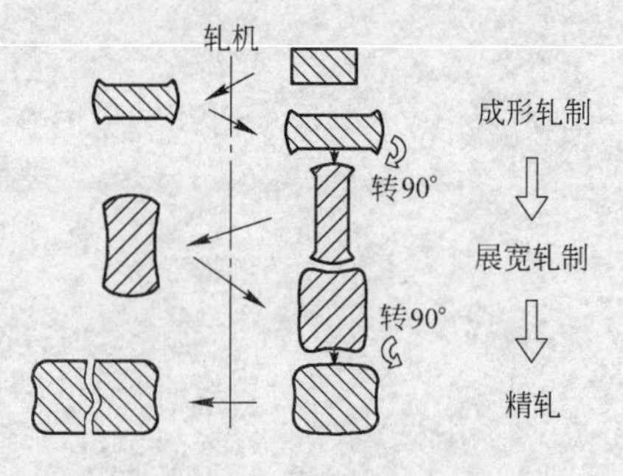

图9－15　中厚板轧制过程

当长度接近或达到最大坯料长度时，板坯先在四辊轧机入口回转辊道上转钢90°，然后进入四辊轧机进行展宽轧制，轧到产品要求的宽度后，再在轧机入口或出口回转辊道上转90°，最后进行延伸轧制，直至轧到成品厚度。

四辊轧机配备有厚度自动控制（AGC）系统，可保证产品具有良好的厚度、精度和优质的板形。同时还配置了快速换辊装置。四辊可逆精轧机的最大轧制速度为6.6m/s。

为了提高钢板表面质量，由轧机上的高压水除鳞集管清除轧件上的再生氧化铁皮。

（2）控制轧制。对于管线钢板、船板、锅炉板、压力容器板、低碳微合金化高强度结构板等采用控制轧制工艺生产。

根据生产钢种、规格及产品性能等要求，采用两阶段控制轧制，采用多块钢交叉轧制方式。在采用两块钢交叉轧制情况下，当一块钢在轧制时，另一块钢在一侧辊道上待温，这种方式一般用于厚度较薄的板坯，轧制厚度规格较薄的产品。在采用三块钢交叉轧制情况下，当一块钢在轧制中，另两块钢在辊道上空冷待温，当温度达到目标值时，再进行第二阶段的轧制。这种方式一般都用于板坯厚度大、轧制厚度较厚规格的产品。

控制轧制一般分第一阶段轧制、待温、第二阶段轧制，其轧制道次、待温温度、压下量、终轧温度等对不同产品有不同的要求，一般开轧温度在1050～1150℃，第一阶段轧制6～9道次，压下率占总数的50%～60%，中间待温温度850～880℃，第二阶段轧制5～6道次，压下率占总数的40%～50%，成品终轧温度770～850℃。

关于除鳞：一般情况下，第一道轧制前均进行除鳞。此外，原则上在展宽轧制完成，纵轧（延伸轧制）开始前，控轧每个阶段待温后以及成品道次轧制前均进行除鳞操作。

关于压下量及轧制速度：在轧制过程中，道次及压下量的选取应适合轧机的主传动及机架的能力，在展宽前、后及展宽轧制中均应视轧件宽度的大小，选取适当的压下量。在成形轧制和展宽轧制中，轧制速度应在基速或基速以下；在纵轧或轧长阶段随着轧件温度的下降、厚度的减小及长度的增加，应逐道减小压下量及提高轧制速度。

对薄规格的钢板，终轧及终轧前的后几道次的轧制过程中，应尽可能采用较高的速度，以利于轧件的变形。

轧件在辊道上空冷待温，辊道应前后不停地摆动，避免由于辊子吸热，在轧件表面上产生横向黑印，并保护辊子不受损坏。

d 轧后冷却

轧后冷却由加速冷却系统（ACC）组成。根据产品性能所要求的冷却速率和终冷温度，采用ACC系统。使用ACC系统可满足大多数产品所需要的加速冷却或直接淬火工艺要求。

对于要求进一步提高强度、焊接性能和低温韧性的产品，在完成控制轧制后，应立即进入加速冷却装置进行控制冷却。

加速冷却装置对钢板上下表面同时喷水冷却，钢板温度由770～850℃快速下降到450～600℃。

加速冷却的钢板厚度一般在10～12mm以上，并要求冷却装置要确保钢板纵向、头尾与中间、横向、上下表面的温度均匀。

钢板的冷却速度范围在5～30℃/s（视水温和板厚而定），当钢板厚度大于20mm时，冷却速度最大为20℃/s，主要是保证钢板厚度方向冷却均匀。

e 热矫直

钢板通过ACC冷却装置辊道后，由热矫直机输入辊道送至热矫直机上矫直，钢板热矫直温度一般在600～800℃，较薄的钢板矫直温度在450～550℃，较厚钢板的矫直温度可超过800℃。矫直速度是根据钢板的矫直温度、厚度及强度确定，速度范围在0.5～1.5m/s。

矫直机压下量主要取决于钢板的矫直温度，一般在1.0～5.0mm的范围选取，对温度较低的钢板取较小值，对温度较高的钢板取较大值。此外，确定压下量时还要考虑钢板厚度的影响，厚度较薄的钢板压下量大，较厚者压下量小。

钢板的矫直道次，一般为一次。对于那些经过控制轧制和控制冷却的钢板可能产生更大程度的不平度，为了达到标准要求，还需要进行1～2次的补矫。

f 冷床冷却

热矫直后的钢板一般在500～700℃左右进入冷床，钢板在冷床上逐块排放，并通过辊盘，在无相对摩擦、不受划伤的情况下移送，待温度下降至100℃左右时离开冷床。

g　钢板表面检查与修磨

钢板冷却后，人工通过反光镜目视检查钢板下表面质量，由此确定钢板是否需要翻板与修磨。然后将钢板送到检查修磨台架输入辊道，在检查修磨台架上进行人工目视检查钢板上表面，并对检查出来的缺陷，由人工用手推小车砂轮机或手提砂轮机进行修磨。对那些下表面有缺陷的钢板，由翻板机将钢板翻转180°后，再由人工用手推小车砂轮机或手提砂轮机进行修磨。

h　钢板切头及分段

钢板由修磨台架输出辊道运送至切头剪前输入辊道，由切头剪前对正装置对正后，再由剪前输送辊道送入切头剪切头。对个别头尾不规整的钢板或镰刀弯较大的钢板，可切除不规整部分或分段。

i　钢板切边

经切头或分段后的钢板，由辊道输送至圆盘剪前，经磁力对中装置预对中，再用激光画线装置精确对中，使钢板两边的切边量对称和平行。然后开动圆盘剪前输入辊道、圆盘剪（包括碎边剪）、圆盘剪后输出辊道，以同一种速度运送，圆盘剪将钢板两边切除。

根据钢板厚度及强度，圆盘剪以不同的速度剪切钢板两边，剪切速度为0.2～0.8m/s，剪切后的钢板由辊道送至定尺剪。

剪切下来的板边，由碎边剪碎断，碎边从剪机下的溜槽滑落到切头箱内，装满后以空箱置换，满箱由天车吊走。

j　钢板切定尺及取样

经切边的钢板，由辊道运送至定尺机前，经对正后，由定尺剪按要求剪切成不同长度的钢板。定尺钢板最大长度为18m。

需要取样时，按要求剪切样品，由人工送往化验室。

k　钢板标志

定尺钢板由辊道输送，再经设在垛板下料台架的自动标志设备逐张进行成品标记。主要标明公司标志、钢种、规格、生产日期等。

对经行业协会认可生产的专用钢板，如管线钢板、船用钢板、锅炉钢板等，必要时标印出会员标志等。

l　钢板收集及入库

成品钢板输送到成品垛板下料台架，由10＋10t磁盘吊车按钢板规格，把钢板逐张从台架上吊起，码放在收集台架上，经收集后的钢板垛，再用成品跨15＋15t双钩夹钳吊车，运至成品堆放区堆存、入库、待发。

m　厚板（＞30mm）收集、切割、入库

经冷床冷却后的钢板，由检查台架输出辊道输送到厚板库，可以对需要改尺的钢板和厚板进行改尺切割。切割后的成品钢板在厚板库入库存储。

9.4.2　高速线材生产

9.4.2.1　某高速线材厂生产

A　概况

某高速线材厂于1987年投产，这条生产线为单线生产，由英国阿希洛公司技术总负责，武汉钢铁设计研究院进行联络，设计年产量 18 万吨，保证速度为 75m/s，采用 120mm × 120mm × 5.5m 方坯，经 24 道次轧制，盘重 600kg。产品规格为 ϕ5.5 ~ 12.5m 盘圆，钢种为碳素结构钢、优质碳素结构钢、65 号制绳钢丝用钢、低合金钢等。为节省投资，只引进了关键设备，如精轧机组、夹送辊、吐丝机和关键技术如孔型设计、轧制程序、控冷程序等，其余部分由国内配套。该生产线 1992 年达产。1998 年后达到年产 30 万吨以上。2001 年底进行了 150mm × 150mm 方坯改造，现在已具备年产 35 万吨的生产能力。

现将这条生产线几个主要区域的变化情况简介如下：

（1）加热炉区域：

1）原料：原设计采用 120mm × 120mm × 5.5m 连铸坯。现采用 150mm × 150mm × 6m 连铸方坯为主；

2）加热炉原设计为三段步进底式加热炉，设计能力为 60t/h，2001 年底改为三段步进蓄热式加热炉，设计能力为 75t/h；

3）加热炉燃料原设计为焦油（或重油），1994 年改为烧煤气。

（2）轧机区域。轧机原设计为 24 道次，即 ϕ500 × 2/ϕ400 × 2/ϕ400 × 4/ϕ350 × 4/ϕ300 × 2/ϕ210 × 10，2001 年底改为 27 道次，即 ϕ600 × 1/ϕ500 × 4/ϕ400 × 4/ϕ350 × 4/ϕ300 × 4/ϕ210 × 10，粗轧机前增加 1 架 ϕ600 轧机，中轧由原来的 6 架平辊轧机改为 8 架平立交替轧机，并增加 3 个立活套。即全线出原来的 1 个立活套变为现在的 4 个立活套和 1 个侧活套。精轧机为引进的阿希洛型 10 架 45°无扭高速线材轧机，现全部国产化。

（3）控冷部分。原为四段水冷和 60m 散卷风冷。现变为五段水冷和 90m 散卷风冷。

（4）精整部分。原设计为集卷后盘卷运送、炮杆收集、叉车卸卷、码垛入库。2001 年底改为 PF 线收集整理。

（5）产品的变化。由原来的 600kg 盘重变为 1t 盘重。产品精度均为 B、C 级，内在质量深受用户好评。产品规格已增至 ϕ13.5mm，成功开发了 ϕ6.0mm、ϕ8.0mm、ϕ10.0mm、ϕ12.0mm 的三级螺纹钢筋。钢种方面已形成软线（如 H08、Q195 等）、硬线（如中碳、高碳）和普碳三大系列产品。

B 生产工艺流程

（1）钢坯入炉。由天车将原料吊至上料台架上，由上料台架运送至上料辊道，由上料辊道输送到入炉辊道装炉加热，由推钢机推入炉内进行加热。

（2）钢坯加热。被推入炉内的钢坯经过加热炉预热、加热、均热过程，将钢坯温度加热到（1150 ± 50）℃。

（3）钢坯出炉。加热后钢坯由炉内出炉辊道输送至粗轧机组。

（4）粗轧机组。粗轧机组有 9 架轧机，孔型系统为箱形—变形椭圆—圆—椭圆—圆—椭圆—圆—椭圆—圆，经过 9 道次轧制，轧件断面由 150mm × 150mm 方坯轧制成断面为 52mm × 52mm；当断面为 120mm × 120mm 方坯时，经过 6 道次轧制，轧件断面由 120mm × 120mm 方坯轧制成断面为 52mm × 52mm，1、6、7 道次空过，后部工序与轧制 150mm × 150mm 方坯共用。

（5）1 号飞剪。轧件经 1 号飞剪切头后进入中轧机组。

（6）中轧机组。中轧机组由 4 架轧机组成，孔型系统为椭圆—圆—椭圆—圆，经 4

道次轧制，轧制断面由52mm×52mm轧制成29mm×29mm轧件。

（7）预精轧机组。预精轧机组由四架轧机和四个立活套组成。孔型系统为椭圆—圆—椭圆—圆，经过4道次轧制，轧制断面由29mm×29mm轧制成18.5mm×18.5mm轧件。

（8）2号飞剪：轧件经2号飞剪切头后进入精轧机组。

（9）精轧机组。轧件经精轧机组前侧活套进入精轧机组。精轧机组为英国引进十架顶交45°高速无扭轧机。孔型系统为椭圆—圆孔型系统，共10道次，轧制ϕ5.5mm和ϕ6.5mm产品时，10道次全用；轧制ϕ8.0mm产品时，用8道次；轧制ϕ10.0mm产品时，用6道次；轧制ϕ12.0mm产品时，用4道次。

（10）吐丝机。使轧件成为松散的螺旋形，把他们以重叠形式平放在位于盘卷冷却运输机入口端。

（11）控制冷却线。控制冷却线包括水冷段和散卷运输机，水冷段共有5段，每段水压为0.4MPa；散卷运输机为斯泰尔摩风冷线；控冷参数根据所生产品种的工艺要求而确定。

（12）集卷。集卷筒为单芯轴集卷，轧件落入集卷筒收集成盘推到钩冷运输线的C形钩上。

（13）钩冷运输线。成卷后的盘条通过钩冷运输线运送到各工位，完成打捆、称量、挂牌、卸卷等一系列处理工艺，最后由天车吊至成品库码放整齐。

C　部分设备介绍

a　夹送辊

夹送辊主要承受来自精轧后的轧件使之进入吐丝机而完成吐丝。夹送辊名义直径ϕ300mm，辊径范围ϕ295～305mm，轧件直径ϕ5.5～12.5mm。

b　吐丝机

吐丝机接收来自夹送辊的轧件，并使之成为松散的螺旋形，把它们以重叠的形式平放在位于盘卷冷却运输机入口端的斜面上。吐丝线圈直径为1030mm，吐丝温度为750～1000℃，轧件规格为ϕ5.5～13.5mm。

c　水冷箱

轧件从位于导管间的不锈钢喷嘴和除鳞喷嘴间穿过，喷嘴和除鳞喷嘴喷射冷却水至轧件表面达到冷却线材的目的。水冷段数为五段，全长为23.67m，每段水压0.4MPa，水冷后轧件温度为750～950℃。

d　散卷冷却运输机

散卷冷却运输机主要作用是将成圈轧件从吐丝机运至集卷筒，中间按既定工艺控冷，并手动剪除头尾缺陷。散卷冷却运输机全长为97.8m，改造前为59.3m，改造后延长37.5m，全辊道上设置有两个跌落段，第一个跌落段在新旧辊道结合处，第二个跌落段在集卷机前6m处的水平辊道处。运输速度为0.1～1.0m/s。

9.4.2.2　马钢高速线材厂

马钢高速线材厂是我国第一家全套引进高速线材轧机的生产厂，也是引进高速线材轧机技术、装备比较成功的一例。

该轧机引进时，在设备选型上充分考虑了设备的先进性、经济性和实用性，并且，在引进硬件的同时引进了软件。硬件中除了全套生产主辅设备、公用设施外，还包括了备品备件、特殊工具及必要的材料等。软件中除了设计技术资料、施工安装、试车及生产的技术文件、资料和图纸、操作维修手册、技术诀窍、专利技术等资料，还有国外培训、专家指导等。这些软件也为我方生产技术人员加快消化引进技术及掌握操作技能奠定了基础。

1987 年 5 月该厂热试轧一举成功，并很快就轧出了符合国际先进标准的多种规格、多种钢种的优质线材。在试轧的第二个月就达到设计的最大轧制速度 100m/s，第三个月就创造了双线轧制达 120m/s 的速度，成为当时世界上较高轧制速度的线材轧机。

图 9－16 为该厂主要设备及工艺平面布置图，其有关数据如下：

（1）产品：ϕ5.5～16mm；

（2）坯料：130mm×130mm×16m；

（3）轧制速度：100m/s；

（4）轧制线数：2；

（5）年产量：40 万吨；

（6）盘重：2000kg；

（7）粗中轧机组：ϕ560mm×4＋ϕ475mm×3＋ϕ475mm×1＋ϕ410mm×3；

（8）预精轧机组：平－立悬臂式 ϕ285mm×4；

（9）精轧机组：摩根－西马克型 ϕ210.5mm×2＋ϕ158.8mm×8；

（10）控制冷却线：斯太尔摩型（辊道式）；

（11）设备状况：引进西马克全新设备。

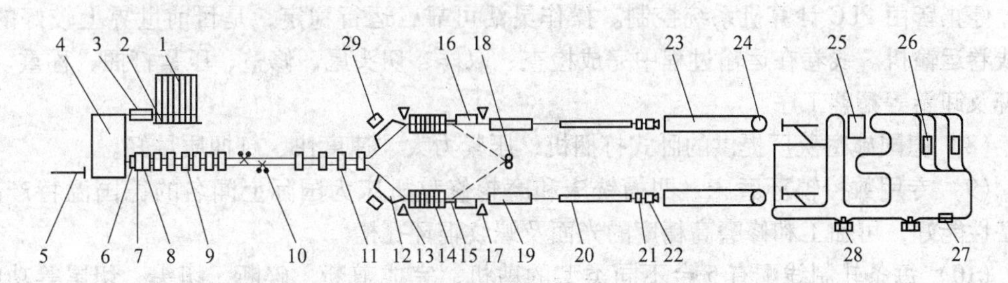

图 9－16　马钢高速线材厂工艺平面布置图

1—步进式上料台架；2—钢坯剔废装置；3—钢坯秤；4—组合式步进加热炉；5—钢坯推出机；6—钢坯夹送辊；7—分钢器；8—钢坯卡断剪；9—七架水平二辊式粗轧机；10—飞剪；11—四架水平二辊式中轧机；12，16—侧活套；13，17—卡断剪；14—四架平－立紧凑式预精轧机；15—飞剪及转辙器；18—碎断剪；19—十架 45°无扭精轧机组；20—水冷段；21—夹送辊；22—吐丝机；23—斯太尔摩运输机；24—集卷筒；25—成品检验室；26—打捆机；27—电子秤；28—卸卷机；29—废品卷取机

现将该套轧机装备特点简要介绍如下：

（1）步进式钢坯上料台架。该台架可在运行中把并齐放置的钢坯逐根分开，便于观察钢坯表面缺陷和把钢坯逐根移到入炉辊道上。在辊道另一侧设有废坯剔出装置，把不合格的钢坯收集到废料收集槽中。

（2）单机传动分组控制的加热炉辊道。入炉辊道分为进料组、称量组和炉内组。各组之间均有自动连锁控制，保证了钢坯在上料、称量、炉内各处的准确定位，而且避免了因钢坯相撞引起设备损坏。辊道可逆向运转，便于异常情况的处理，操作灵活、方便。

(3) 钢坯加热炉采用了意大利皮昂特公司提供的步进梁、步进底组合式加热炉。该炉型避免了步进梁式炉和步进底式炉的缺点，而兼两者之优点。钢坯在炉内受到四面加热，断面加热均匀，加热质量得到可靠保证，从而为轧钢生产优质产品提供了必要的先决条件。其生产能力额定为120t/h，连续为136t/h，峰值为140t/h。该炉自动化程度高，装有微机化仪表和计算机监控系统，有100条对应产量、钢种的加热曲线。它还具有结构合理、设计先进、密封好、烧损小、能耗低等优点。

(4) 平－立交替悬臂辊环式的紧凑型预精轧机。各机架间有立活套，机组前后各有一水平活套。实现了单线、无扭、无张力轧制，改善了进入精轧机组的轧件的断面形状和尺寸精度，使精轧机组成品尺寸精度得到保证。

(5) “西马克－摩根”(SMS－MORGAN) 重载型45°无扭精轧机组。该机组由10架轧机组成，集体传动，具有温轧能力（进精轧机温度可低到925℃），轧制力为普通轧机的1.5倍。它具有噪声低、振动小、运行及操作安全可靠的优点。可轧出高精度的线材产品。

(6) 延迟型斯太尔摩（辊式运输）控制冷却系统。该系统带有“佳灵”(OPTI-FLEX) 风量分配装置，它可对散卷线材实现均匀冷却，使线材在全长上和同一圈内的强度波动值很小，属斯太尔摩控冷工艺的较新技术。风机风量可在0%～100%范围内分级调节。该运输机的辊道速度亦可调节，上部还设有可启闭的保温罩盖。所有这些都为线材控制冷却提供了最佳条件，使线材产品获得用户期望的性能。

(7) 采用卢森堡CTI厂提供的单轨钩式运输设备。钩式小车为单独电机传动，其运行、停止皆由PLC计算机系统控制。操作灵活可靠，运行稳定，是目前世界上较好的一种线卷运输机。线卷在运输过程中完成检查、取样、切头尾、修整、压紧打捆、称重、挂标牌及卸卷等精整工序。

(8) 德国施密茨厂提供的卧式打捆机，压紧力大、速度快、打捆质量好。

(9) 专用数控辊环磨床，凹槽铣床和磨轮修整机床为国际上闻名的德国温特产品。设备性能好，可加工和修磨高精度的光面及螺纹辊环孔槽。

(10) 每条轧制线配有5台不同类型的剪机，完成剪断、碎断、切头、切尾等功能。当轧线各机组出现故障时，剪机可及时地在该事故区前面将轧件剪断或碎断，避免轧件再进入事故区，减轻事故的危害。

(11) 轧机采用椭圆－圆孔型系统和新型的进出口辊式导卫装置。该系统使轧件在轧制过程中变形均匀，提高了轧辊使用寿命，改善了轧件表面质量，使用一套孔型可轧制多种规格的产品。

(12) 采用双层结构的主跨厂房。从加热区上料台架到集卷筒的轧制设备皆安装在+5m的平台上。油库、液压润滑站、各类管线、电缆、斯太尔摩风机设备、切头废钢处理设施及氧化铁皮沟等，布置在±0地平至±5m平台之间，其优点是施工、安装及生产维护检修方便和充分利用场地。

(13) 电气设备由德国西门子公司提供主辅传动直流电机，AEG公司提供计算机主控制系统、逻辑控制和可控硅传动装置。

整个电气控制采用以分散的87台微机组成分级控制的计算机系统，对生产全过程进行自动控制，其主要功能为：

1）主控功能。直流主、辅传动速度基准值的设定；轧制程序、冷却程序的存储，数据显示；活套控制；故障监测及报警；轧辊寿命管理；物料跟踪；生产班报记录。

2）逻辑控制功能。交流传动、电磁阀、润滑油和液压设备的控制；监视连锁；提供故障显示。水冷、风冷段以及打捆机的控制。

3）传动控制功能。对轧机、剪机等直流传动电机的控制、监测和故障显示。

该系统具有编程简单、操作灵活、易于掌握、维修方便、成本低、可靠性高、组件标准化、硬件互换性强、备品备件省等优点。

（14）齐全的车间电讯系统。采用了德国 E 型对讲系统。该系统有一个中心交换台和 27 个对讲站，为德国专利，具有单向、双向、选呼、组呼、集呼、扩呼、优先权等技术性能。为了便于观察加热炉内和轧线各点关键生产部位的生产实况，以提高生产效率，全线共设置了 9 台工业电视摄像机，13 台工业电视监视器。

（15）为了保证安全生产，整个轧线采用了安全防护措施，高速运转的设备都有安全罩密封，并且采用了安全连锁装置。

复习思考题

9－1 金属压力加工都有哪些方法？每种方法都生产什么产品？讨论每种方法的重要性。
9－2 讨论每种方法都能生产什么产品。
9－3 总结热轧和冷轧的优缺点。
9－4 结合实习单位总结钢材轧制过程的共同特性。
9－5 什么叫钢板和钢带，钢板按厚度是如何分类的？
9－6 中厚板采用什么样的轧机，轧机如何布置？
9－7 板带轧机如何标称？
9－8 四辊轧机是如何传动的？
9－9 什么是万能轧机？
9－10 你所参观的中厚板厂剪切线是如何布置的？
9－11 简述你所参观的中厚板厂的工艺过程。指明中厚板生产过程中所用设备的特点。
9－12 中厚板轧制过程为什么要转钢？
9－13 你所参观的线材车间采用什么样的轧机，轧机如何布置？
9－14 简述你所参观的线材厂的工艺流程。
9－15 线材厂采用几架剪切机，各自的作用是什么？
9－16 你所参观的线材厂采用什么样的孔型系统？

参考文献

[1] 王明海．冶金生产概论［M］．北京：冶金工业出版社，2008. 8.
[2] 王庆义．冶金技术概论［M］．北京：冶金工业出版社，2011. 7.
[3] 贾艳，齐素慈．烧结工［M］．北京：冶金工业出版社，2011. 6.
[4] 贾艳，李文兴．铁矿粉烧结生产［M］．北京：冶金工业出版社，2006. 2.
[5] 张一敏．球团矿生产技术［M］．北京：冶金工业出版社，2008. 1.
[6] 贾艳，时彦林，刘燕霞．高炉炼铁工［M］．北京：化学工业出版社，2011. 9.
[7] 贾艳，李文兴．高炉炼铁基础知识［M］．北京：冶金工业出版社，2010. 6.
[8] 冯捷，史学红．连续铸钢生产［M］．北京：冶金工业出版社，2007. 5.
[9] 冯捷．转炉炼钢生产［M］．北京：冶金工业出版社，2006. 5.
[10] 高泽平，贺道中．炉外精炼［M］．北京：冶金工业出版社，2005. 9.
[11] 徐曾啟．炉外精炼［M］．北京：冶金工业出版社，1994. 6.
[12] 刘燕霞，李文兴．高炉炼铁生产实训［M］．北京：化学工业出版社，2011. 8.
[13] 时彦林，贾艳，刘燕霞．连续铸钢生产实训［M］．北京：化学工业出版社，2011. 8.
[14] 任吉堂，朱立光，王书桓．连铸连轧理论与实践［M］．北京：冶金工业出版社，2002. 6.
[15] 沈才芳，孙社成，程建斌．电弧炉炼钢工艺与设备［M］．北京：冶金工业出版社，2001. 1.
[16] 王廷溥，齐克敏．金属塑性加工学——轧制理论与工艺［M］．北京：冶金工业出版社，1998. 5.
[17] 张景进．中厚板生产［M］．北京：冶金工业出版社，2005. 3.
[18] 张景进．热连轧带钢生产［M］．北京：冶金工业出版社，2005. 6.
[19] 张景进．板带冷轧生产［M］．北京：冶金工业出版社，2006. 4.
[20] 袁志学，马水明．中型型钢生产［M］．北京：冶金工业出版社，2005. 3.
[21] 袁志学，杨林浩．高速线材生产［M］．北京：冶金工业出版社，2005. 4.
[22] 戚翠芬，张树海．加热炉基础知识与操作［M］．北京：冶金工业出版社，2005. 1.